综合客运枢纽
规划建设及运营管理指南

江苏省交通运输厅规划研究中心
江苏纬信工程咨询有限公司 编著

ZONGHE KEYUN SHUNIU GUIHUA
JIANSHE JI YUNYING
GUANLI ZHINAN

人民交通出版社股份有限公司
China Communications Press Co.,Ltd.

内 容 提 要

本书以江苏省综合客运枢纽建设实践为基础，对综合客运枢纽的规划、建设和运营管理进行了经验总结。全书共分八章，内容包括：综述、枢纽布局规划及选址、枢纽项目总体规划、枢纽项目工程方案设计、枢纽信息和换乘标识系统、建设管理、运营管理、常州铁路站综合客运枢纽规划建设案例。

本书可供交通运输行业相关研究、设计人员参考，也可作为高等院校交通运输专业本科生及研究生参考用书。

图书在版编目（CIP）数据

综合客运枢纽规划建设及运营管理指南 / 江苏省交通运输厅规划研究中心，江苏纬信工程咨询有限公司编著．— 北京：人民交通出版社股份有限公司，2016.1

ISBN 978-7-114-12774-8

Ⅰ．①综… Ⅱ．①江… ②江… Ⅲ．①旅客运输—枢纽站—建设—指南②旅客运输—枢纽站—运营管理—指南 Ⅳ．①U115-62

中国版本图书馆 CIP 数据核字（2016）第 013067 号

书　　名：综合客运枢纽规划建设及运营管理指南
著 作 者：江苏省交通运输厅规划研究中心
　　　　　江苏纬信工程咨询有限公司
责任编辑：吴燕伶
出版发行：人民交通出版社股份有限公司
地　　址：（100011）北京市朝阳区安定门外外馆斜街 3 号
网　　址：http://www.ccpress.com.cn
销售电话：（010）59757973
总 经 销：人民交通出版社股份有限公司发行部
经　　销：各地新华书店
印　　刷：北京市密东印刷有限公司
开　　本：787×1092　1/16
印　　张：9.75
字　　数：220 千
版　　次：2016 年 1 月　第 1 版
印　　次：2016 年 1 月　第 1 次印刷
书　　号：ISBN 978-7-114-12774-8
定　　价：58.00 元

本书编写组成员

唐　韧　王雪标　李　峰

李剑锋　王　健　孙华强

刘巧仙　丁向燕　蒋大治

胡　斌

前言

综合客运枢纽有别于常规的铁路站、汽车站等单交通方式场站，它更强调各交通方式场站功能在同一空间的集约整合。其对加强各交通方式间以及区域与城市交通间的紧密衔接，实现旅客便捷换乘具有重要作用。

综合客运枢纽对新型城镇化、城乡一体化及城市空间、产业布局具有带动和引导作用，是衔接城市群之间、城市内部、城市和城乡多层次、网络化的交通运输节点。当前，江苏省综合交通网络、运输枢纽场站设施建设尚处于快速发展阶段。加强各种客运场站设施的资源整合，构建功能明确、结构合理的综合客运枢纽体系是下一阶段工作重点。按照《江苏省综合客运枢纽布局规划》（2013—2030年），综合客运枢纽建设任务十分繁重，需要我们更加科学、有序、高效地推进综合客运枢纽规划建设工作。

为此，在已完成《综合客运枢纽案例汇编》《江苏省综合客运枢纽布局规划》《江苏省铁路综合客运枢纽规划设计技术指南研究》《江苏省铁路综合客运枢纽信息系统研究》《江苏省铁路综合客运枢纽建设与管理模式研究》《江苏省铁路综合客运枢纽运营服务与管理研究》《江苏省铁路综合客运枢纽运营管理模式研究》等课题和相关枢纽建设实践的基础上，编写了本书，以便与同行分享我们在综合客运枢纽规划、建设、运营管理等阶段的认识和体会。

在本书编写过程中，得到了交通运输部规划研究院、北京中咨正达交通工程咨询有限公司、江苏省交通科学研究院股份有限公司、江苏百盛工程咨询有限公司、江苏省交通规划设计院股份有限公司以及南京市交通运输局、镇江市交通运输局、常州市交通运输局、无锡市交通运输局、苏州市交通运输局等单位的大力支持，同时参考了部分公开发表的文章（文中未一一标注），在此一并表示感谢。

限于编写组对综合客运枢纽规划、建设、运营管理等阶段的认识水平，存在错误和不当之处，敬请批评指正。

编写组

二〇一五年五月于南京

目录

第一章　综述……1

一、发展过程与趋势……2
二、概念与分类……3
三、功能与特征……6
四、主要管理流程……7

第二章　枢纽布局规划及选址……11

一、枢纽布局规划作用和流程……12
二、枢纽布局规划原则与要求……12
三、枢纽布局规划内容……14
四、枢纽布局规划思路与方法……24
五、枢纽选址……28
六、枢纽布局规划及选址成果内容……33

第三章　枢纽项目总体规划……36

一、枢纽项目总体规划目标……37
二、枢纽项目总体规划内容……38
三、枢纽项目总体规划影响因素……47
四、枢纽项目总体规划要求……51
五、枢纽项目总体规划成果内容……60

第四章　枢纽项目工程方案设计……62

一、工作要点……63
二、设计要点……65
三、工程方案设计成果内容……79

第五章　枢纽信息和换乘标识系统……80

一、枢纽信息系统……81
二、换乘标识系统……88

第六章　建设管理……97
一、建设管理内容……98
二、建设管理特点和要求……98
三、建设管理模式……100
第七章　运营管理……106
一、运营管理内容……107
二、运营管理特点和要求……107
三、运营管理模式……109
四、运营管理方案……113
第八章　常州铁路站综合客运枢纽规划建设案例……118
一、项目总体概况……119
二、项目建设流程……124
三、项目建设特点……126
四、项目运营情况……132
参考文献……138
后记……141

表目录

表 1-1　部分城市客运换乘枢纽等级划分情况……4
表 1-2　江苏省综合客运枢纽规模标准(单位:万人次 / 日)……6
表 1-3　南京铁路南站综合客运枢纽规划建设及运营管理流程……9
表 2-1　南京市主要综合客运枢纽设施配置情况……18
表 2-2　南京市域城镇等级规模结构一览表(2020 年)……19
表 2-3　综合客运枢纽各方式场站用地规模测算依据……28
表 2-4　综合客运枢纽选址影响因素作用形式……31
表 3-1　广州汽车客运南站相关技术指标……41
表 3-2　镇江铁路站综合客运枢纽各交通方式衔接换乘距离(单位:m)……56
表 3-3　镇江铁路站综合客运枢纽各交通方式衔接换乘时间(单位:min)……56
表 5-1　综合客运枢纽信息系统与各交通方式信息系统共享信息一览表……82
表 5-2　综合客运枢纽旅客信息服务内容一览表……84
表 5-3　不同规模综合客运枢纽信息系统功能配置方案……85
表 5-4　换乘标识系统分类、功能及示例一览表……89
表 5-5　综合客运枢纽导向信息分级表……93
表 5-6　各交通方式客运站业务信息系统建设标准规范体系……94
表 6-1　综合客运枢纽设施分类表……98
表 6-2　综合客运枢纽不同类型设施经营属性和投资特点……100
表 6-3　综合客运枢纽典型投融资模式比较一览表……103
表 6-4　综合客运枢纽建设管理模式比较一览表……105
表 7-1　综合客运枢纽运营管理模式比较一览表……112
表 7-2　沪宁城际铁路沿线综合客运枢纽运营管理模式……113
表 8-1　常州铁路站综合客运枢纽规划设计主要阶段概览……125
表 8-2　常州铁路站列车班次数及增长表……133
表 8-3　常州汽车客运站搬迁前后发往周边地区售票数及增长表……134
表 8-4　常州铁路站旅客来站及离站方式分布表……135
表 8-5　常州汽车客运站旅客来站及离站方式分布表……135
表 8-6　常州铁路站旅客候车时间分布表……136
表 8-7　常州汽车客运站旅客候车时间分布表……136

图 目 录

图 2-1　综合客运枢纽布局规划流程示意图 ……12
图 2-2　南京在国家综合运输网中位置图 ……15
图 2-3　南京区位图(长三角区域) ……16
图 2-4　南京都市圈区位图 ……17
图 2-5　南京市市域城镇空间结构图 ……21
图 2-6　南京市综合交通体系规划图 ……22
图 2-7　南京市客运枢纽布局规划图 ……23
图 2-8　江苏省综合客运枢纽布局规划城市结点划分图 ……26
图 2-9　江苏省综合客运枢纽布局规划技术路线图 ……27
图 3-1　广州铁路南站综合客运枢纽区域发展定位示意图 ……39
图 3-2　综合客运枢纽客流预测主要内容 ……40
图 3-3　杭州铁路东站综合客运枢纽核心区城市设计效果图 ……42
图 3-4　上海虹桥综合客运枢纽竖向布置示意图 ……43
图 3-5　上海虹桥综合客运枢纽轨道交通衔接示意图 ……44
图 3-6　深圳福田综合客运枢纽对外交通组织示意图 ……45
图 3-7　深圳福田综合客运枢纽内部交通组织流线图 ……45
图 3-8　深圳福田综合客运枢纽内部客流组织流线图 ……46
图 3-9　南京铁路南站综合客运枢纽集疏运路网图 ……47
图 3-10　日本名古屋“荣”综合客运枢纽外景图 ……48
图 3-11　日本名古屋“荣”综合客运枢纽地下一层下沉式广场 ……48
图 3-12　无锡高铁站及周边城市开发实景图 ……50
图 3-13　常州铁路站综合客运枢纽客流分布图 ……51
图 3-14　南京铁路南站综合客运枢纽立体式布局示意图 ……52
图 3-15　苏州铁路站综合客运枢纽半立体式(组合式)布局示意图 ……53
图 3-16　北京东直门综合客运枢纽规划效果图 ……55
图 3-17　香港国际机场综合客运枢纽集疏运系统平面图 ……57
图 3-18　北京四惠综合客运枢纽布局示意图 ……59
图 3-19　法国戴高乐机场综合客运枢纽内部集疏运系统示意图 ……60
图 4-1　上海虹桥综合客运枢纽高架层投资及设计界面划分平面图 ……64

图 4-2　上海虹桥综合客运枢纽高架层投资及设计界面划分立面图……64
图 4-3　广州铁路南站综合客运枢纽汽车站布局示意图……68
图 4-4　苏州铁路站综合客运枢纽地铁站示意图……69
图 4-5　苏州铁路站综合客运枢纽市政配套设施布局图……70
图 4-6　镇江铁路站综合客运枢纽公共交通场站效果图……71
图 4-7　镇江高铁站综合客运枢纽布局示意图……72
图 4-8　合肥铁路南站综合客运枢纽出租车上下客区域布局示意图……73
图 4-9　南京铁路站综合客运枢纽路侧式集疏运布局示意图……75
图 4-10　北京铁路南站综合客运枢纽周边干线路网示意网……76
图 4-11　南京铁路南站综合客运枢纽集疏运道路布局示意图……77
图 5-1　综合客运枢纽信息系统构成图……81
图 5-2　综合客运枢纽信息系统信息交换与共享示意图……82
图 5-3　综合客运枢纽日常协调管理信息流程图……83
图 5-4　综合客运枢纽应急调度指挥信息流程图……83
图 5-5　常州铁路站综合客运枢纽信息管理平台交互关系图……86
图 5-6　常州铁路站综合客运枢纽 HOC 系统总体架构图……86
图 5-7　综合客运枢纽换乘标志示意图……90
图 5-8　英国伦敦交通导向标志布设规则示意图……90
图 5-9　常州铁路站综合客运枢纽导向标识……91
图 5-10　常州铁路站综合客运枢纽客运中心四级标识系统……92
图 5-11　英国伦敦不同颜色区分地铁线路标志图……93
图 5-12　综合客运枢纽标志版面引导信息排列规则示意图……94
图 5-13　无锡高铁站综合客运枢纽静态导乘标志……95
图 5-14　常州高铁站综合客运枢纽悬臂式导乘标志……96
图 5-15　常州高铁站综合客运枢纽直立式导乘标志……96
图 6-1　各交通方式投融资模式……101
图 6-2　枢纽公司投融资模式……102
图 6-3　广场公司投融资模式……102
图 6-4　综合客运枢纽投资主体自建模式……103
图 6-5　综合客运枢纽政府代建模式……104
图 6-6　综合客运枢纽总承包模式……105
图 7-1　综合客运枢纽管理内容……107
图 7-2　综合客运枢纽旅客服务目标框架图……108
图 7-3　综合客运枢纽独立式运营管理模式……110
图 7-4　综合客运枢纽协调式运营管理模式……111
图 7-5　综合客运枢纽集成式运营管理模式……111

图 7-6　综合客运枢纽一体化运营管理模式 ……112
图 7-7　综合客运枢纽安全应急管理中心主要职责 ……115
图 7-8　综合客运枢纽安全应急管理平台及处理流程 ……115
图 7-9　综合客运枢纽设施属性 ……116
图 8-1　常州铁路站综合客运枢纽区位示意图 ……119
图 8-2　常州铁路站综合客运枢纽北广场客运中心鸟瞰图 ……120
图 8-3　常州铁路站综合客运枢纽用地范围图 ……121
图 8-4　常州铁路站综合客运枢纽总体布置图(一) ……122
图 8-5　常州铁路站综合客运枢纽总体布置图(二) ……122
图 8-6　常州铁路站综合客运枢纽北广场地面一层功能区划 ……123
图 8-7　常州铁路站综合客运枢纽北广场地下一层功能区划 ……123
图 8-8　常州铁路站综合客运枢纽城铁客流垂直换乘示意图 ……126
图 8-9　常州铁路站综合客运枢纽北广场外部交通组织图 ……127
图 8-10　常州铁路站综合客运枢纽北广场地面车辆流线图 ……127
图 8-11　常州铁路站综合客运枢纽客运中心引导标识连贯图 ……129
图 8-12　常州铁路站综合客运枢纽导向标识 ……129
图 8-13　常州铁路站综合客运枢纽运营管理组织图 ……130
图 8-14　常州铁路站综合客运枢纽汽车客运站“H”形平面 ……131
图 8-15　常州铁路站综合客运枢纽汽车客运站大尺度灰空间 ……131
图 8-16　常州铁路站综合客运枢纽传统窗扇创意的雨篷设计 ……132

第一章 综述

综合客运枢纽是综合交通网络的节点，既是实现多种运输方式衔接换乘一体化运输的关键环节，又是提升交通服务水平和效率、体现交通发展“以人为本”的重要抓手。

一、发展过程与趋势

（一）发展过程

随着综合交通网络的不断完善，客运场站的发展经历了从汽车站、铁路站、机场等单一功能场站设施向综合客运枢纽的过程。20世纪50年代，发达国家提出客运换乘的理念，经过几十年的探索和实践，综合客运枢纽规划建设技术已经日趋成熟。1997年，日本依托新干线建设而新建的京都火车站，是一个集高速铁路、城市地铁、城市公交、酒店等商业设施在内的综合客运枢纽，是京阪神地区（东京、大阪、神户）的客流中心。1998年，具有100多年历史的法国巴黎里昂铁路站经过多次改造，在原址上构建成地面一层地下两层的集国际国内高铁、普铁、地铁、市郊铁路、城市公交及商业设施等为一体的综合客运枢纽，它是巴黎东南远郊路网的起点，乘客通过国内外高铁可以前往法国东南部和瑞士、意大利等国。20世纪90年代后期以来，欧美日等发达国家先后建成了德国法兰克福机场、美国纽约大中央枢纽站及日本名古屋“荣”综合客运枢纽等一批功能明确、布局合理、衔接优化的综合客运枢纽，从而满足了不断增长的客运需求。完善的综合客运枢纽体系已经成为发达国家在交通运输领域领先发展的重要标志。

目前，我国各种交通方式场站建设更加注重资源整合，各地依托高铁、城际铁路及机场建设了布局合理的综合客运枢纽。2006年建成的上海铁路南站是我国较早的集铁路、长途汽车、地铁、公交、出租车于一体的立体式综合客运枢纽，是上海中心城市的南大门，也是联系长江三角洲、珠江三角洲及中国其他城市包括港澳地区的重要客运枢纽。2008年改扩建的北京铁路南站是集高速铁路、市郊铁路、城市轨道交通、公交、出租车等交通设施于一体的地上两层、地下三层大型立体综合客运枢纽，也是中国第一座高标准现代化的客运专线大型客运站，旅客发送量名列世界第三，被誉为当时的“亚洲第一站”。随后建设的上海虹桥综合客运枢纽、广州铁路南站客运枢纽及北京六里桥客运枢纽等一批枢纽，在交通方式的组合及枢纽的功能布局上都呈现出综合化、大型化、立体化和多功能化的发展趋势，并充分体现了“以人为本”的设计理念，成为城市交通建设的新亮点。

江苏省经济总量和人口密度大，城市化水平和外向度高，随着长三角一体化和城市化进程的加快，经济社会持续快速发展产生了大量的客流、物流、资金流和信息流。这就要求江苏在保持各种运输方式持续加快建设的同时，更加注重和强化协调发展，更加注重区域交通与城市交通的有机衔接。2009年以来，江苏依托高速铁路、城际铁路以及城市轨道交通的发展，推动了综合客运枢纽建设。自2010年建设的沪宁城际铁路沿线镇江站、常州站、无锡站、苏州站等铁路综合客运枢纽陆续投入运营，至2014年底已建成了京沪高铁沿线的南京南站、无锡东站、徐州东站，及宁杭高铁沿线的宜兴铁路站等14个综合客运枢纽。根据《江苏省综合客运枢纽布局规划》(2013—2030年),到2030年,江苏省将规划建设98个综合客运枢纽,构建成“布局合理、结构完善、换乘便捷、运转高效”的综合客运枢纽体系。

(二)发展趋势

国内外综合客运枢纽的发展趋势是,以铁路站(机场)为依托,以发达的综合交通网络为基础,将常规公交车站、出租车站、停车场、长途车站等集中布设,构成一个集多种运输方式于一体的,同时具有对外和对内交通功能转换的换乘枢纽。通过枢纽功能的延续性开发,建立起集商业中心、服务和娱乐等为一体的公共场所。综合客运枢纽具体呈现出以下发展趋势。

1. 功能布局从“单一性”向“复合性”转变

综合客运枢纽不仅强调多种运输方式便捷有效地衔接,而且更加注重对空间的综合开发和利用,强化枢纽内部及周边地区的土地开发强度,使其成为集交通、旅游、商业、办公、服务、金融、娱乐等功能为一体的综合服务体。

2. 客流流线模式从“等候式”向“通过式”转换

客运站客流流线模式从经济性较差的“等候式”逐步向高效率的“通过式”转换,以综合换乘大厅为中心,代替过去以候车区为中心的格局,用候车区兼顾等候,变等候空间为通过空间,从而缩短旅客上下车时间。

3. 运营方式从“管理型”向“服务型”转变

综合客运枢纽的设计理念中,“以人为本”得到了充分体现,一切以旅客为中心,营造“安全、舒适、快速、有序”的优良环境,各类服务设施分布在枢纽各个部位,为旅客提供全方位服务。

二、概念与分类

(一)概念

国内目前尚未出台综合客运枢纽的相关标准和规范,但作为一种规划建设理念,强调各种交通方式场站在物理、功能逻辑上的有机综合是业界共识。

根据江苏综合交通运输发展情况,我们将综合客运枢纽定义为:具备两种及以上对外运输方式，与城市公共交通相交汇、衔接，或一种对外运输方式与城市轨道交通、城市道路公共交通相交汇、衔接；达到一定规模，为旅客提供运输组织、中转和集散、信息服务等功能，实现各种运输方式、交通方式在物理和逻辑上的"无缝"衔接；兼顾商务办公、休闲娱乐等辅助服务功能的综合型客运场站。

其中：城市道路公共交通包括常规公共汽车、快速公共汽车交通系统、无轨电车等；城市轨道交通包括地铁系统、轻轨系统、单轨系统、有轨电车、磁浮系统、自动导向轨道系统等。对外运输方式是指铁路、公路、航空三种运输方式（江苏水路客运规模较小）。

根据上述定义，综合客运枢纽的各种交通方式场站组合主要形式有：

（1）铁路站 + 汽车客运站 + 公交站，如常州铁路站综合客运枢纽。

（2）机场 + 汽车客运站 + 公交站，如苏南国际机场综合客运枢纽。

（3）铁路站 + 汽车客运站 + 公交站 + 城市轨道交通站，如南京南站综合客运枢纽。

（4）机场 + 汽车客运站 + 公交站 + 城市轨道交通站，如在建的南京禄口国际机场综合客运枢纽。

（5）铁路站 + 公交站 + 城市轨道交通站，如昆山铁路南站综合客运枢纽。

（6）机场 + 公交站 + 城市轨道交通站，如北京首都国际机场综合客运枢纽。

（7）汽车客运站 + 公交站 + 城市轨道交通站，如苏州客运汽车南站综合客运枢纽。

（8）铁路站 + 机场 + 汽车客运站 + 公交站 + 城市轨道交通站，如上海虹桥综合客运枢纽。

（二）分类

综合客运枢纽的分类实践多见于各地的城市交通规划，其视角为城市本身，涵盖城市的对外枢纽和城市内部的换乘枢纽。北京、广州、深圳和上海等在进行城市综合交通规划时，从换乘的交通方式种类、轨道线路条数以及枢纽所在区域的土地开发类型等方面对客运换乘枢纽进行等级划分，具体见表 1-1。

部分城市客运换乘枢纽等级划分情况　　表 1-1

城市	分级指标	分级概况和分级标准
北京	换乘的交通方式种类； 换乘的轨道交通线路条数	一级枢纽：与大型对外交通枢纽衔接的综合交通枢纽。 二级枢纽：轨道交通线路之间的换乘枢纽以及轨道交通与多条常规地面公交线路衔接的换乘枢纽。 三级枢纽：与常规公交站点衔接的综合交通车站
广州	换乘的交通方式种类； 枢纽所在区域的土地开发类型	客运枢纽站：与大型对外交通枢纽衔接的综合交通枢纽。 公交枢纽站：位于大型常规公交枢纽、线路衔接处或 CBD 地区的综合交通枢纽。 公交换乘站：与一般常规公交枢纽衔接的综合交通枢纽。 一般换乘站：与常规公交站点衔接的综合交通车站

续上表

城市	分级指标	分级概况和分级标准
深圳	换乘的交通方式种类； 枢纽所在区域的土地开发类型	综合换乘枢纽：位于大型常规公交及对外交通枢纽的衔接处或对外口岸、城市主次中心的综合交通枢纽。 大型换乘枢纽：位于常规公交枢纽衔接处或片区中心的综合交通枢纽。 一般换乘枢纽：与常规公交站点衔接的综合交通车站
上海	枢纽承担的交通功能和规模大小	A类枢纽：以航空、铁路等大型对外交通设施为主，配套设置轨道交通车站、地面公交站、社会停车场、出租车营运站等市内交通设施，共同形成的大型市内外综合客运交通枢纽。 B类枢纽：以轨道交通车站为主，结合地面公交站点、出租车营运站、社会停车场和长途客运站等其他交通设施，共同形成的大中型综合客运交通枢纽。 C类枢纽：以轨道交通、地面公交和机动车换乘为主体的停车换乘(P&R)枢纽。 D类枢纽：以多条地面公交换乘站点为主体的小型枢纽

从区域交通角度，对综合客运枢纽的分类研究也比较多，主要按照主导方式、客流组织功能、客流规模和空间组合形式等进行分类。

1. 按主导方式划分

按照主导的对外运输方式，综合客运枢纽可分为铁路主导型综合客运枢纽、航空主导型综合客运枢纽、公路主导型综合客运枢纽、水路主导型综合客运枢纽等。

2. 按客流组织功能划分

按照客流组织功能，综合客运枢纽可分为国际综合客运枢纽、国家级综合客运枢纽、区域级综合客运枢纽等。

3. 按客流规模划分

按照枢纽的发送量，综合客运枢纽可分为特大型、大型、中型和小型综合客运枢纽。

4. 按空间组合形式划分

按照空间组合形式，综合客运枢纽可分为平面式、立体式和组合式综合客运枢纽。

江苏省交通运输厅组织开展的《江苏省综合客运枢纽布局规划研究》从功能、主导方式和规模三个维度对综合客运枢纽进行分类。即按客流组织功能划分，将全省综合客运枢纽分为国际长途客运枢纽、国内中长途客运枢纽、省际及省内中短途客运枢纽三个层次；按对外主导方式划分，将全省综合客运枢纽分为铁路主导型、航空主导型、公路主导型三种类型（江苏省无水路主导型综合客运枢纽）；按客流规模划分，按照规划年枢纽日均对外旅客发送量，以单一运输方式对外发送量和枢纽对外发送总量为指标，将综合客运枢纽划分为特大型、大型、中型和小型四个级别。江苏省综合客运枢纽规模标准见表1-2。

江苏省综合客运枢纽规模标准（单位：万人次／日） 表1-2

类型／级别	铁路主导型综合客运枢纽		航空主导型综合客运枢纽		公路主导型综合客运枢纽	
	铁路发送量	枢纽发送总量	航空发送量	枢纽发送总量	公路发送量	枢纽发送总量
特大型枢纽	≥10	≥12	≥4	≥5	≥8	≥10
大型枢纽	5～10	6～12	2～4	3～5	5～8	6～10
中型枢纽	2～5	3～6	1～2	1.5～3	3～5	4～6
小型枢纽	1～2	2～3	0.5～1	1～1.5	1～3	2～4

注：综合客运枢纽规模标准按照其日均对外旅客发送量划分。铁路主导型综合客运枢纽是指以铁路对外运输方式为主导兼具有其他对外运输方式，或以铁路一种对外运输方式而具有城市道路公共交通、城市轨道交通与之衔接的综合客运枢纽；航空主导型综合客运枢纽、公路主导型综合客运枢纽同上类似解释。

三、功能与特征

（一）功能

具有国际先进水平的一体化综合客运枢纽要求是：功能综合、布局合理、换乘便捷、运作高效。可以从交通功能和城市功能两个方面来认识综合客运枢纽的基本功能。

1. 交通功能

综合客运枢纽是综合客运网络上的重要节点，承担着区域及城乡间客流的组织、中转、集散等服务功能，通过综合客运枢纽的建设，不同运输方式在客流上形成紧密衔接，交通功能上形成优势互补。同时，综合客运枢纽也具备为多种载运工具提供技术作业的功能。各种客运交通方式的路线相互衔接，可以实现车辆避让、检修等技术作业，也能实现载运工具的停放、调度以及技术维护。

2. 城市功能

综合客运枢纽主要以城市为依托，是城市的有机组成部分，具有较强的城市功能。在宏观层面上，一个具有一定规模且设置合理的综合客运枢纽对一个新城的形成与发展起到引导作用；在中观层面上，综合客运枢纽作为交通网络上重要的节点将影响整个交通网络的格局和效率，进而改变城市人口集聚方式与空间形态；在微观层面上，综合客运枢纽与城市其他功能的有机结合，能够形成局部区域的经济带动力。

（二）特征

综合客运枢纽是将不同运输方式的转换场所在同一空间内统一规划建设，综合运用先进技术手段，使各种运输方式的设施装备、运输作业、技术标准、信息传输、组织管理等在空间和运输组织上无缝衔接而形成的一体化运输转换系统。其主要特征表现为：

1. 基础设施一体化

基础设施一体化是指各种交通方式场站在同一空间内统一规划建设，根据各方式作业特点，统筹枢纽内外车流、客流组织，使各种方式场站布局合理、转换空间紧凑、交通流线顺畅、内外衔接紧密。为了实现运输高效化，综合客运枢纽还必须同步规划建设周边集疏运道路，加强与城市道路、区域交通干线的衔接。

2. 信息服务一体化

信息服务一体化是指各种交通方式的信息能够互联、互通、共享，对各种交通方式运行中所产生的信息进行准确采集、同步传输、协调反映、及时发布，使得乘客能及时、方便地了解票务、换乘等相关信息，优化出行方案；并通过一体化的换乘标识体系，引导乘客在不同功能区之间方便快捷地转换。

3. 运输组织一体化

运输组织一体化是指通过优化管理加强枢纽内外运输过程的连续性，实现枢纽的高效运行。综合客运枢纽内不同交通方式在运行时间、运能匹配、运营线路等方面协调统一，集疏运交通系统具备准时、快速的集散能力，实现运输过程在时间上的合理衔接，增强旅客出行的便利性、舒适性和安全性。

四、主要管理流程

综合客运枢纽管理流程主要分前期工作管理、建设管理、运营管理三大部分。结合江苏的管理体制及具体项目实践，前期工作管理可以分为枢纽布局规划及选址、枢纽项目总体规划、枢纽项目工程方案设计三个阶段；建设管理的主要内容为开展施工设计，落实投资主体，项目建设与监管；运营管理的内容为明晰产权归属，明确运营主体、行业管理与综合管理主体。枢纽信息系统应当在枢纽项目总体规划阶段做好架构设计，在工程方案阶段做好详细设计，与主体工程同步建设。

（一）前期工作管理

1. 枢纽布局规划及选址阶段

综合客运枢纽布局规划及选址的主要目标是明确枢纽的功能层次、交通配置、空间布局和规模等级，并结合规划建设条件明确具体枢纽的位置及控制用地范围。

枢纽布局规划及选址应依据地区经济社会发展规划、城镇体系规划及城市总体规划、综合交通运输规划等相关规划要求，充分考虑城市形态、城市定位、交通功能和运输能力等因素。

枢纽布局规划及选址成果应报当地人民政府批准，并纳入所在地城市总体规划。

2. 枢纽项目总体规划阶段

枢纽项目总体规划的主要目标是明确其发展定位、设施规模、用地规划、总体布局及交通组织等。总体规划应协调各分项规划，提供专项规划设计依据，指导工程方案设计，明确管理界面。

枢纽项目总体规划应充分考虑城市功能、客流强度、交通方式构成、管理模式、出行习惯、用地形态和面积等影响因素。

枢纽项目总体规划应报当地人民政府批准，对于特大型综合客运枢纽和大型综合客运枢纽，在开展枢纽项目总体规划的同时，应同期开展枢纽地区的用地、交通等专项规划的编制工作。

3. 枢纽项目工程方案设计阶段

工程方案设计是指针对枢纽项目总体规划确定的交通设施开展分专业、分项的工程可行性研究和初步设计。

工程方案设计需要在枢纽项目总体规划的指导下，加强各交通方式、各管理部门的衔接协调，明晰枢纽项目衔接区域工程结构、管理界面，注重换乘大厅、换乘通道、换乘楼梯等衔接设施和集疏运道路的设计。

工程方案设计应按现行管理体制对枢纽内各项设施单个或打包开展，并按项目基本建设管理权限和程序报相关行业主管部门批准。

（二）信息和换乘标识系统

枢纽信息和换乘标识系统能有效提升枢纽运营管理水平，提高旅客出行效率和服务品质。

枢纽信息系统是为实现枢纽的综合协调管理和信息共享发布而搭建的公共信息管理平台。枢纽信息系统应和枢纽主体工程同步规划、同步实施，应有明确的建设、运营管理主体。

枢纽换乘标识系统是指附设于枢纽内部公共空间、出入口及枢纽周边地区，由文字、图像、色彩等信息构成的多层次、多要素、动静结合的换乘导向标识系统。枢纽换乘标识系统的设置应该在各交通方式现行标准规范基础上，按照“统一规划、统一标准、分块实施”的原则组织实施。

（三）建设管理

综合客运枢纽具有交通方式多、集约化程度高、责任主体多、建设管理内容复杂的特点，需要在体制机制上统一安排，建立一个强有力的指挥领导机构和组织协调机制，明晰各种交通设施投资责任主体、产权归属及相互间的结构界面。

在枢纽建设管理中应因地制宜地选择项目建设管理模式，并加强对项目建设的组织管理和沟通协调。

（四）运营管理

综合客运枢纽是一个多方利益交叉的系统，涉及多种交通方式运营管理主体及其利益，需建立一个综合性的、超越各交通方式行业管理部门之外的协调性管理机构，并下设枢纽地区综合管理执法机构，建立健全安全应急管理预案及流程。

在枢纽运营管理中应根据各地交通运输管理体制的实际以及市场化程度等因素，以运输服务为导向，实现协调、高效、优质、安全的运营管理，充分发挥枢纽的整体优势和效能。

以南京铁路南站综合客运枢纽为例，规划建设及运营管理流程见表1-3。

南京铁路南站综合客运枢纽规划建设及运营管理流程　　表1-3

工作阶段		管理主体	工作内容和成果
前期工作	枢纽布局规划及选址	南京市人民政府；原铁道部	◇《南京市城市总体规划》，明确全市枢纽布局； ◇《关于新建南京铁路枢纽大胜关长江大桥和南京铁路南站项目建议书》，明确铁路南京铁路南站位置； ◇《南京城南秦淮新河以北地区控制性详细规划》，明确南京铁路南站综合客运枢纽用地范围
	枢纽项目总体规划	南京市规划局	◇《铁路南京铁路南站地区概念规划》明确了南京铁路南站综合客运枢纽的功能定位、建设强度、空间结构、交通组织、文化地区特色等； ◇《铁路南京铁路南站地区综合规划》（含综合交通规划、信息系统）明确了南京铁路南站综合客运枢纽功能定位、设施规模、用地规划、空间布局、交通组织等

续上表

<table>
<tr><th colspan="2">工作阶段</th><th>管理主体</th><th>工作内容和成果</th></tr>
<tr><td>前期工作</td><td>枢纽项目工程方案设计</td><td>南京市规划局；南京市交通运输局；南京市铁投公司；原铁道部</td><td>◇《南京铁路南站站房实施方案》（初设深度）；
◇《南京汽车客运南站工程可行性研究》；
◇《南京汽车客运南站初步设计》；
◇《南京铁路南站市政配套工程实施方案》（含公交、出租、社会车场等）；
◇《南站地区集疏运道路规划设计》；
◇《南京铁路南站地铁一、三号线初步设计》；
◇《六号线和机场线南京铁路南站方案设计》</td></tr>
<tr><td colspan="2">建设管理</td><td>上海铁路局南京南站工程建设指挥部；南京铁路建设投资有限责任公司；南京交通主枢纽南站工程建设指挥部</td><td>◇ 南京铁路南站；
◇ 南京南站市政配套工程；
◇ 南京汽车客运南站</td></tr>
<tr><td colspan="2">运营管理</td><td>南站地区综合管理委员会；南站地区综合管理办公室</td><td>◇ 南站地区综合管理委员会，负责南站地区综合管理工作；
◇ 南站地区综合管理办公室，受管委会和雨花台区人民政府领导，具体负责南站地区日常综合管理和有关组织、协调工作</td></tr>
</table>

第二章 枢纽布局规划及选址

综合客运枢纽布局规划及选址，即在枢纽规划建设的开始阶段明确枢纽的功能、规模、布局和外部条件等，这是枢纽规划建设的第一步。其中：布局规划是明确一定地域范围内枢纽的布局方案，即枢纽的功能及层次、交通设施配置、空间位置分布和规模等级等。枢纽选址是明确单个枢纽的具体功能、规模、用地范围和衔接路线等外部条件。

一、枢纽布局规划作用和流程

综合客运枢纽布局规划主要研究制定某一地域范围内综合客运枢纽的中长期发展目标、空间布局方案和近期建设实施安排，是指导该地域综合客运枢纽建设发展的主要依据。

枢纽布局规划应依据地区经济社会发展规划、综合交通运输网规划、城镇体系规划及城市总体规划等相关上位规划要求，充分考虑城市定位、城市形态、交通功能和运输能力等影响因素，研究地域范围内枢纽的功能体系和分工，初步确定各个枢纽的目标定位、服务功能、配置要求和建设规模，并结合规划建设条件明确枢纽位置。

枢纽布局规划通常以省域、市域或地级市市区为研究范围。对经济发达、有多个综合客运枢纽的县级城市，也应当开展县域范围综合客运枢纽布局规划工作。

综合客运枢纽布局规划流程如图 2-1 所示。

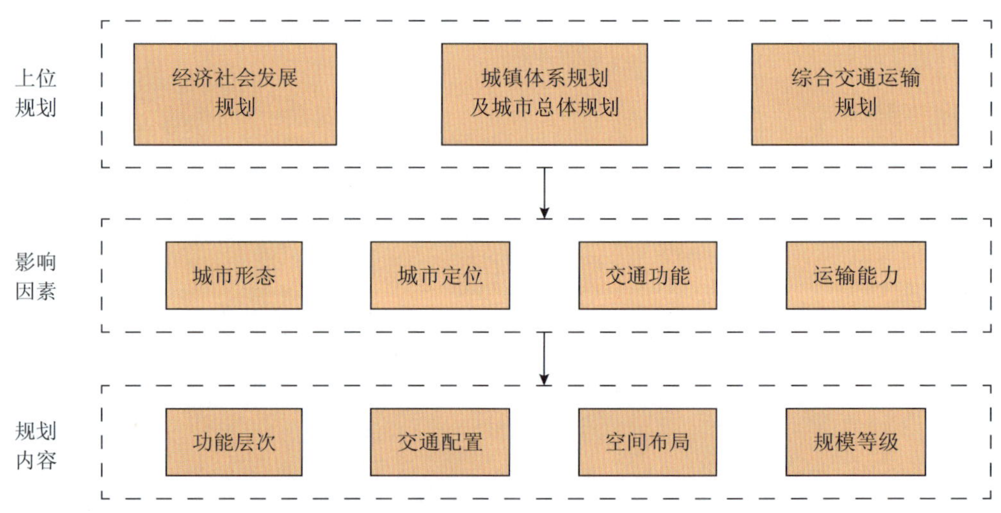

图 2-1 综合客运枢纽布局规划流程示意图

二、枢纽布局规划原则与要求

（一）枢纽布局规划原则

围绕服务地区经济社会发展的总体目标，以加快构建综合交通运输体系为总体要求，坚持以人为本、绿色发展，构建“布局合理、结构完善、换乘便捷、运转高效”的综合客运枢纽体系，推动区域经济发展和城市化进程，实现各种交通方式“无缝衔接”和旅客出行“零换乘”。

要以“立足当前、着眼长远、适度超前、分步实施”为总方针，按照以下四个原则开展综合客运枢纽布局规划。

1. 适度超前，引导发展

坚持适度超前原则，保持交通基本公共服务设施较快发展步伐，强化综合客运枢纽对区域交通的衔接转换功能和对城市空间发展的引导功能，提升综合客运枢纽服务能力和服务品质，推进城乡客运一体化发展进程。

2. 合理布局，协调发展

依据区域经济发展、城镇体系规划、综合交通网络设施规划等要求，合理布局综合客运枢纽设施，构建与区域发展相协调的综合客运枢纽体系。按照不同城市规模特点和功能定位，合理确定各类综合客运枢纽的配套与衔接设施，形成因地制宜、协调发展的枢纽空间布局形态。

3. 近远结合，统筹发展

兼顾地区发展特点、交通线网与枢纽衔接特点，统筹规划、分步推进综合客运枢纽建设。近期重点规划建设与航空港、高速铁路、城际铁路相配套的综合客运枢纽，中远期建立并逐步完善综合客运枢纽体系建设。

4. 集约资源，绿色发展

节约和集约利用交通和土地等资源，充分利用既有场站设施，加强不同交通方式场站间的有效整合与衔接，加强与城市基础设施的协调配合，促进交通和土地资源集约高效利用，走绿色环保、可持续发展之路。

（二）枢纽布局规划要求

综合客运枢纽规划建设应当适应和满足地区经济社会发展需求，符合城镇体系规划、城市总体规划，促进城市化进程，促进综合交通运输体系的构建和提升综合运输整体效率与服务水平。

1. 适应地区经济社会发展水平

综合客运枢纽作为基本公共服务设施，其规划建设要以服务地区经济社会发展为总体目标，紧密结合经济社会发展的特征要求，满足经济社会对交通运输的总需求，以支撑和保障经济社会发展。

2. 符合城镇体系规划及城市总体规划

综合客运枢纽作为交通与城市的“双重节点”，对区域及城市的空间布局、土地利用有着深远影响。其规划建设要注重综合客运枢纽与区域交通线网的协调配合，符合城镇空间发展战略；要注重综合客运枢纽与城市交通网络的衔接，符合城市总体规划；要科学划定枢纽影响区域和控制范围土地利用功能，使枢纽交通功能与城市功能协调统一。

3. 融入综合交通运输体系规划

综合客运枢纽作为综合交通运输体系的重要组成元素，首先，应按照综合交通运输的总体发展要求，确定综合客运枢纽的支撑功能和发展定位；其次，应充分考虑区域、城市交通路网特点及客流分布特征，综合客运枢纽布局要有利于旅客聚集与疏散；最后，应做好与民航机场规划、铁路枢纽总图规划、城市公路运输枢纽规划等的相互协调，充分考虑与汽车客运站、城市轨道交通站、公交站及城市交通干道的衔接。

三、枢纽布局规划内容

综合客运枢纽布局规划内容主要有四个方面，即确定规划地域范围内枢纽的功能层次、交通配置、空间布局、规模等级。

（一）枢纽功能层次

在综合客运枢纽布局规划中，首先需要研究规划区域在国家和大区域中的定位，以此为依据确定规划范围内综合客运枢纽应具备的整体功能。然后，按照规划范围内各个城市结点（或城市分区）的区位条件、经济社会发展水平（人口、GDP）、交通网络设施（城市内、外）、客流需求规模等要素，分析确定规划范围内综合客运枢纽的功能层次、分工及作用。

在综合客运枢纽布局规划中，要充分认识到综合客运枢纽对城镇和城市空间结构、产业发展和土地利用的重大影响，除突出枢纽交通功能外，还应强化城市功能。

在综合客运枢纽布局规划中，应将综合客运枢纽纳入到客运换乘体系中统筹考虑，并做好与城市换乘中心及一般汽车客运站、铁路站、城市轨道站、公交枢纽站的相互衔接。

以南京市为例

南京市在进行综合客运枢纽布局规划时，从全国、长三角区域、都市圈和市域三个层次进行研究并提出了综合客运枢纽应具备的整体功能。

(1)从国家范围来看，南京处于国家综合运输网中京沪和沿江两大综合运输通道的交汇点，是"十二五"时期42个国家综合交通枢纽之一；国家高速公路网中39个重要节点之一；179个国家公路运输枢纽城市之一；国家干线机场之一，航空货运与快件集散中心；全国50个铁路枢纽之一。因此，南京的综合客运枢纽需要支持南京城市地位提升，支持其参与全球竞争。如图2-2所示。

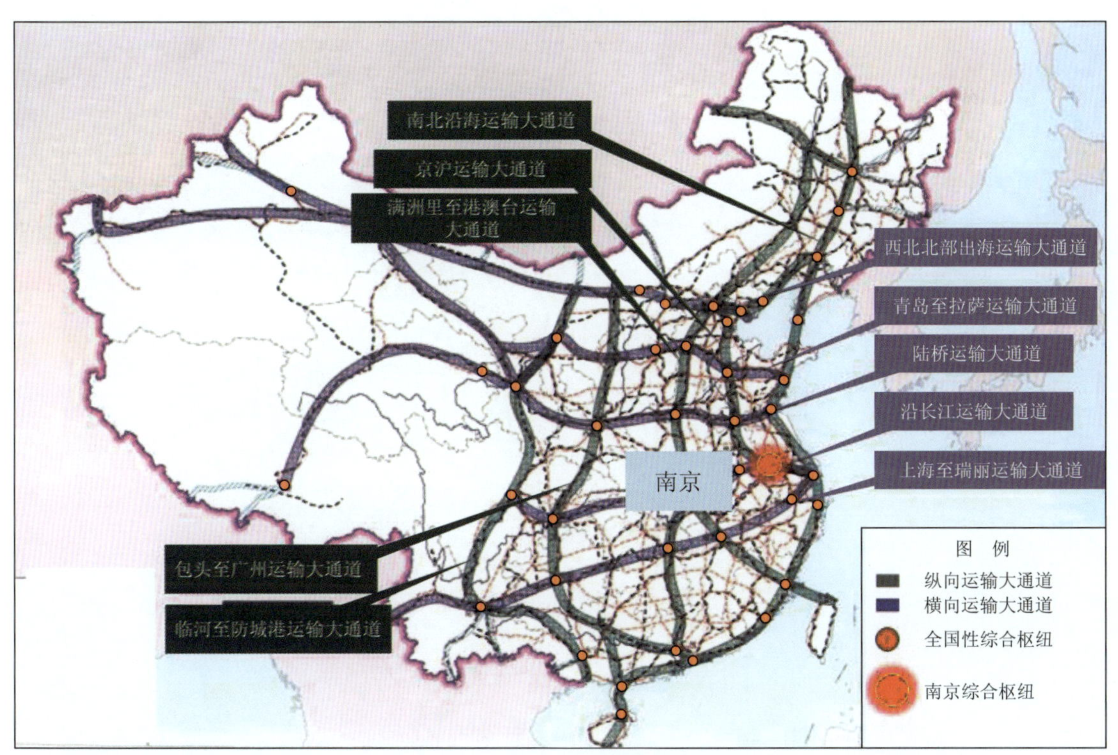

图2-2 南京在国家综合运输网中位置图

(2)从长三角区域来看，南京又是长三角区域中心城市，对外辐射的重要门户，综合客运枢纽需要承担起推进区域一体化的任务，如图2-3所示。

(3)从都市圈和市域范围来看，南京是南京都市圈的核心城市，南京也是快速发展的特大型城市。2020年城市将形成"一主城三副城八新城"的新形态，城市人口规模将由680万增长至1000万，城市用地将由550km^{2}扩张至930km^2。因此，南京的综合客运枢纽需要支持都市圈发展，并拓展城市框架，如图2-4所示。

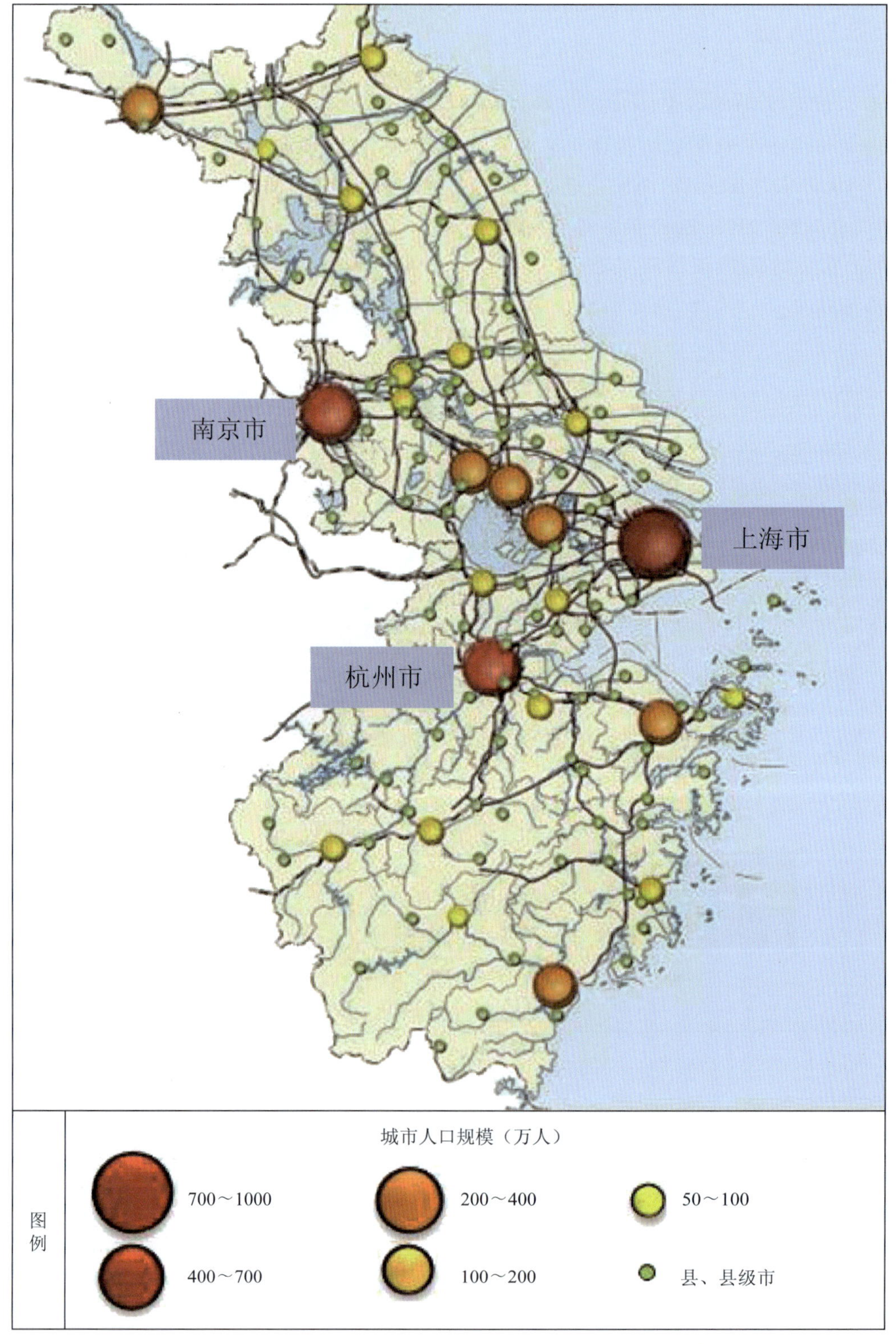

图 2-3　南京区位图(长三角区域)

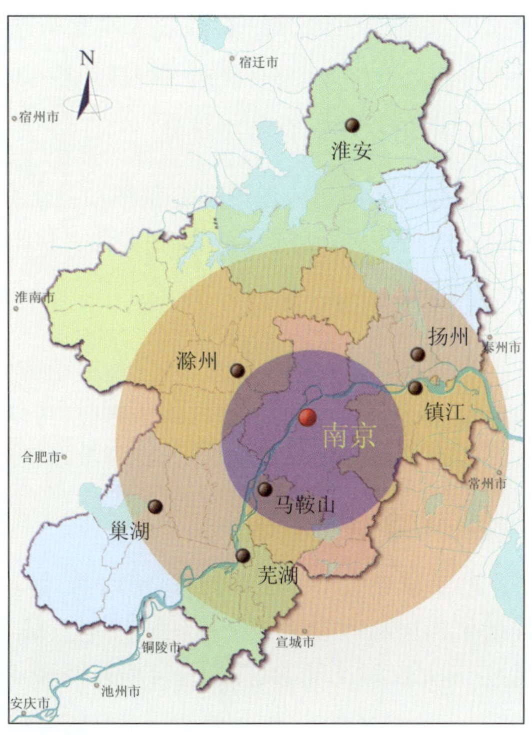

图 2-4　南京都市圈区位图

（二）枢纽交通配置

在综合客运枢纽布局规划中，需要按照各单体枢纽的服务对象、服务范围以及所确定功能与层级，结合城市外部主干交通条件，先确定枢纽主导运输方式的场站设施，在此基础上进一步明确枢纽的其他配套交通场站设施，即确认是否需要配置汽车客运站（针对铁路主导型枢纽、航空主导型枢纽）、城市道路公共交通场站、出租车和社会停车场站、城市轨道交通站等交通设施。枢纽交通设施配置的一般要求如下：

1. 汽车客运站

对于客流量大、覆盖面广的高铁客运站、民航机场，以及市县政府所在地主要铁路客运站，在城市交通条件允许的情况下，适宜配建汽车客运站，以集约利用市政资源，方便旅客出行换乘。该汽车站应根据其与城市的相对位置、公路客运需求规模等选择适当的建设规模和建设时机。汽车客运站与铁路客运站在有条件时应同步实施；也可采取分期建设的思路，近期预留汽车客运场站用地，远期条件成熟后再实施。

2. 城市道路公共交通场站

综合客运枢纽都应该设置城市道路公共交通相关设施。特大型、大型枢纽应设置大型公交始发站；中型枢纽应设置公交始发站；小型枢纽适宜设置公交始发站，当受用地限制无法设置公交始发站时，须设置港湾式车站。

3. 出租车和社会停车场站

综合客运枢纽应该设置出租车和社会车停靠、停放设施。受用地限制无法设置车站广场时，须设置路边临时停靠设施，实现出租车和社会车辆的停靠功能。

4. 城市轨道交通站

有城市轨道规划的城市，特大型枢纽应该配置城市轨道交通站；大型枢纽适宜配置城市轨道交通站；中小型枢纽在具备条件时，可以与城市轨道交通站点联合规划。对规划合建但暂不实施的城市轨道交通枢纽站，应做好实质性预留。

5. 商业配套设施

鉴于枢纽投资规模大，营运成本高，枢纽建设中一般都进行较大规模的商业开发，以商铺增值和出租收益来平衡枢纽建设运营成本。需要强调的是枢纽建设首先应确保交通功能，在满足交通功能的前提下，可以兼顾商业、城市服务等城市功能。

6. 其他设施

部分铁路综合客运枢纽可以根据实际情况，配置一些其他功能。如配置城市虚拟候机楼，主要承担候机、售票、办理登机手续、信息查询、发车停车、行李托运及安检功能。

以南京市为例

表 2-1 所示为南京市主要综合客运枢纽的功能定位及主要交通设施配置情况。

南京市主要综合客运枢纽设施配置情况　　表 2-1

序号	综合客运枢纽名称	主要依托场站	功能定位
1	南京禄口国际机场	南京禄口国际机场； 汽车客运(班线)站； 城市轨道交通站	开通国际、国内航线，是服务全省和周边省份的对外航空客运主枢纽
2	南京高铁南站	南京高铁南站； 汽车客运南站； 城市轨道交通站	位于京沪高铁、宁杭铁路、宁安城际线，是国家高铁枢纽站及南京都市圈对外客运主枢纽
3	南京铁路站	南京铁路站； 南京汽车客运站； 城市轨道交通站	位于京沪铁路、沪宁城际、宁启铁路线，是南京对外客运主枢纽
4	南京紫金山城际站	南京紫金山城际站； 紫金汽车客运站； 城市轨道交通站	位于沿江城际、沪汉蓉铁路线，是南京城东地区对外客运枢纽

续上表

序号	综合客运枢纽名称	主要依托场站	功能定位
5	南京林场铁路站	南京林场铁路站； 汽车客运北站； 城市轨道交通站	位于宁启铁路、宁合铁路、京沪铁路线，是南京江北地区对外客运枢纽中长途之一
6	南京中胜汽车客运站	南京中胜汽车客运站； 城市轨道交通站	主要运营省内公路客运线路，与城市轨道站衔接，是南京城西地区对外公路客运枢纽
7	南京汽车客运东站	南京汽车客运东站； 城市轨道交通站	主要运营省内公路客运线路，与城市轨道站衔接，是南京对外公路客运枢纽之一
8	南京江浦铁路站	江浦铁路站； 汽车客运站	位于京沪高铁、宁合城际线，是南京江北地区对外客运枢纽之一
9	南京六合铁路站	六合铁路站； 汽车客运站	位于宁启铁路线，是南京江北地区对外客运枢纽之一
10	南京溧水铁路站	溧水铁路站； 汽车客运站	位于宁杭铁路线，是溧水对外客运主枢纽
11	南京高淳汽车客运站	高淳汽车客运站； 南京市郊铁路站	主要运营省际汽车客运线路，与南京市郊铁路站衔接，是高淳对外汽车客运主枢纽

（三）枢纽空间布局

综合客运枢纽布局规划的空间布局，需要按照城镇空间发展战略、城市总体规划，依托区域综合交通网规划及单体枢纽的初步选址，确定枢纽在规划范围内的大致布设位置。

对于综合客运枢纽数量较少的规划区域，一般结合规划建设条件直接开展枢纽选址，明确枢纽位置及控制用地范围。

综合客运枢纽在布局规划中以“大分散”为原则，并注意枢纽布局的层次性、结构性。将综合客运枢纽的布局与城镇空间体系结合，能最大程度符合客运出行需求的分布要求，实现最优的覆盖和最少的转换。

以南京市为例

南京市域城镇体系规划明确了空间布局及结构规模，具体见表2-2。

南京市域城镇等级规模结构一览表（2020年） 表2-2

城镇等级		规模结构（人）	城镇名称	城镇人口（万人）	城镇个数
中心城	主城	＞300万	主城	380	1
	副城	100万左右	东山	92	3
			仙林	88	
			江北	132	

续上表

城镇等级	规模结构(人)	城镇名称	城镇人口(万人)	城镇个数
新城	10万～30万	龙潭	12	8
		汤山	12	
		禄口	16	
		板桥	21	
		滨江	10	
		桥林	10	
		永阳	27	
		淳溪	22	
新市镇	＞1万	竹镇、马集、冶山、程桥、葛塘等	90	34

综合客运枢纽的布局需要与城镇体系及城市空间发展吻合。南京市将在市域内构建“两带一轴”的城镇空间布局结构。“两带”是指拥江发展的江南城镇发展带和江北城镇发展带;“一轴”是指沿宁连、宁高综合交通走廊形成的南北向城镇发展轴。在“两带一轴”城镇空间布局结构基础上,形成“中心城—新城—新市镇”的市域城镇等级体系。南京市市域城镇空间结构如图2-5所示。

综合客运枢纽的布局需要与综合运输网吻合。南京高速公路网将形成“两环两横两联十四射”,铁路形成“一环十八线”。南京市综合交通体系规划图如图2-6所示。

在南京市范围内将形成如下层次客运枢纽布局:

(1)支持城市地位提升、参与全球竞争的综合客运枢纽,即民航和高铁枢纽(图2-7中红色),南京禄口机场、南京铁路南站、南京铁路站和六合机场综合客运枢纽。

(2)支持区域一体化推进的枢纽,即城铁和道路客运枢纽。具体包括如下枢纽。

①四个公铁合建城际对外客运枢纽(图2-7中紫色):泰冯路站,沪泰宁城际、汽车客运北站(一级)、三号线泰冯路站;江浦站,合宁铁路江浦站、江浦汽车客运站(二级)、十二号线;六合站,宁启铁路六合站、六合汽车客运站、十一号线六合铁路站;紫金站,宁常沪城际铁路紫金站、紫金汽车客运站(一级)、二号线紫金站。

②九个铁路城际对外客运枢纽(图2-7中绿色):仙林站,沪宁城际仙林站;栖霞站,沪宁城际栖霞站;汤山站,宁常城际汤山站;上坊站,宁杭铁路;湖熟站,宁杭城际;溧水站,宁杭城际;禄口站,Z1线城际站;板桥站,宁安城际;江宁南站,宁安城际。

③两个公路城际对外客运枢纽(图2-7中黄色):中胜汽车客运站(一级),一号线中胜站;汽车客运东站(一级),九号线长途东站。

(3)支持都市圈发展和城市框架拓展的枢纽,即一些城郊换乘枢纽。

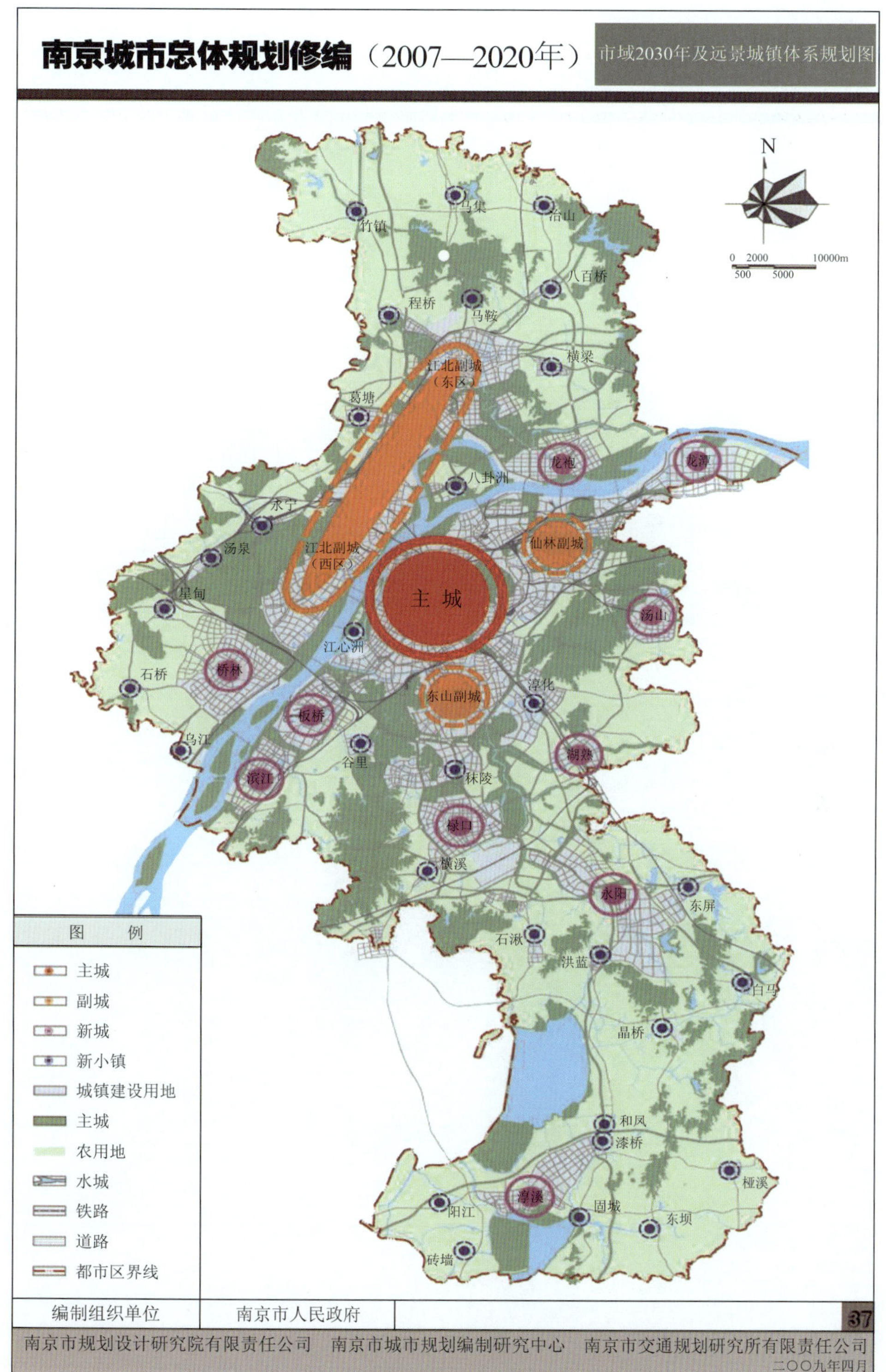

图 2-5 南京市市域城镇空间结构图

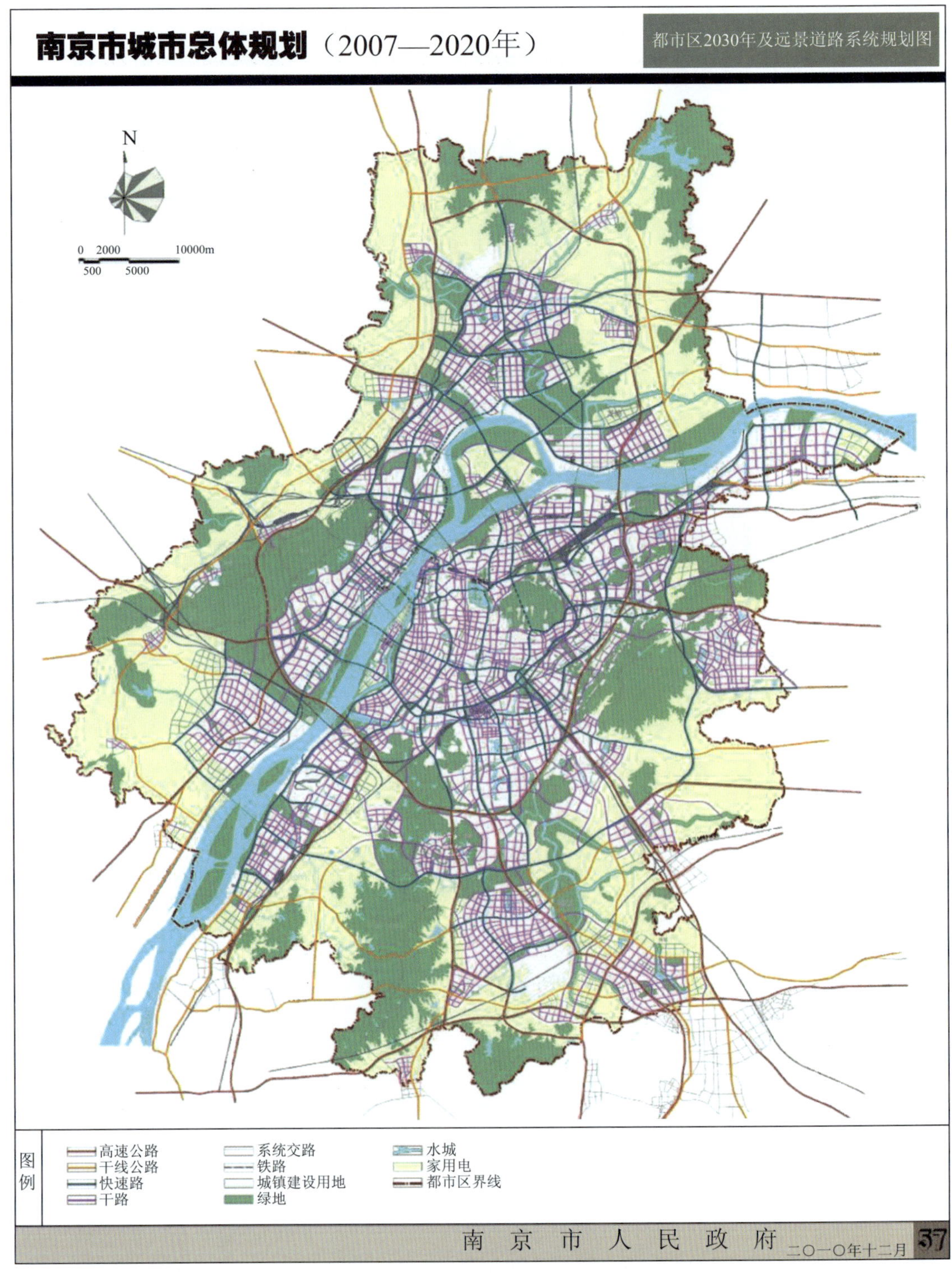

图 2-6 南京市综合交通体系规划图

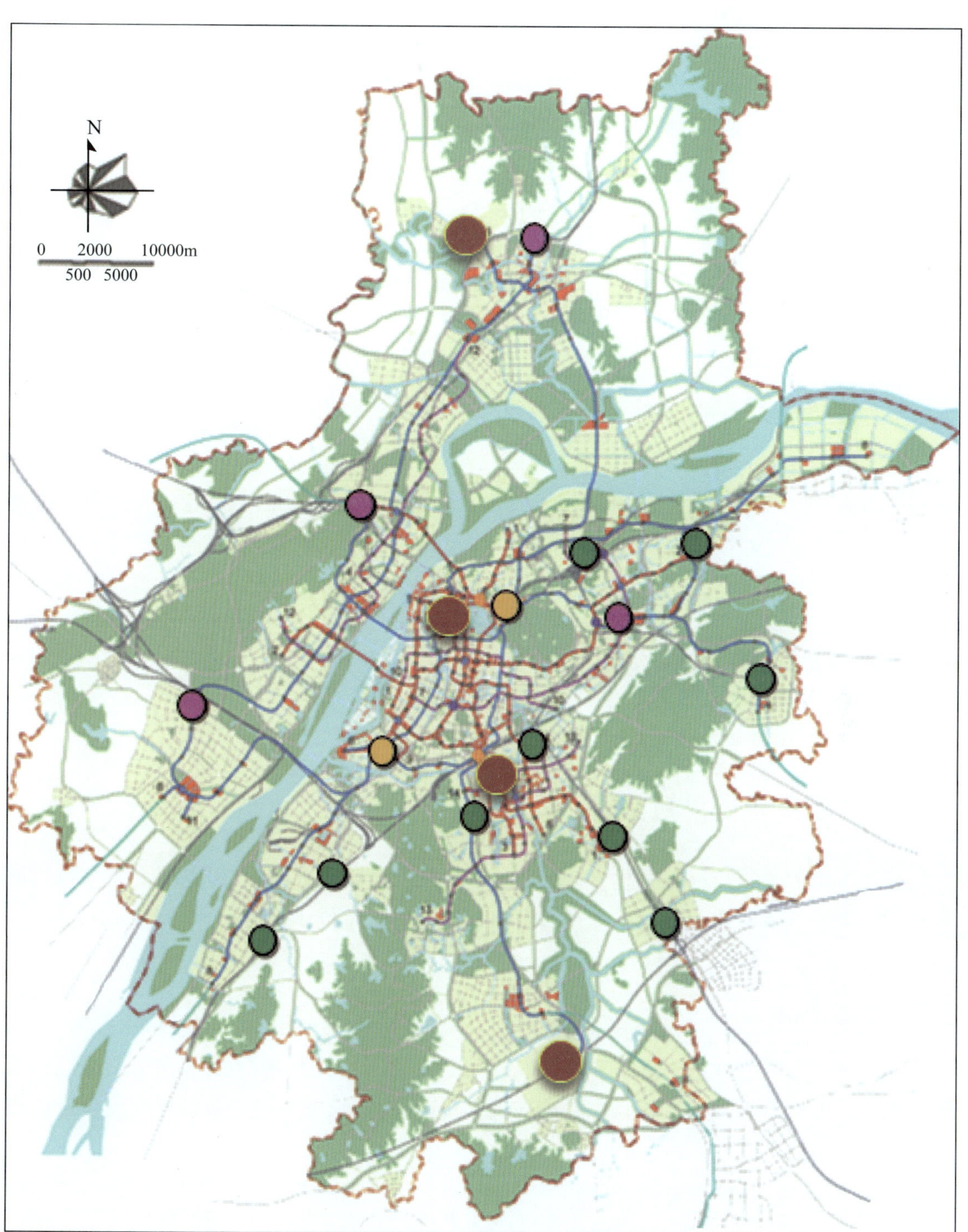

图 2-7 南京市客运枢纽布局规划图

（四）枢纽规模等级

在综合客运枢纽布局规划中，需要在研究经济社会与交通运输内在联系和发展趋势的基础上，分析区域客运需求构成，进行客流需求预测，以区域客流需求预测结果为基础，测算各个综合客运枢纽规模及等级。

1. 枢纽总运输能力应与客运总需求相适应

规划范围内综合客运枢纽和各运输方式枢纽及场站共同承担着客流的到发，要统筹兼顾各种枢纽场站的规模能力与客运需求，合理确定综合客运枢纽分担客运量及所需的规模设施能力。

2. 城市结点（或片区）枢纽能力应与该地区客运需求相适应

要统筹考虑地区对内、对外交通设施，充分利用各种枢纽场站资源，按照地区综合客运枢纽的功能定位，合理预测综合客运枢纽的客运总量及枢纽换乘量，以确定枢纽的总规模及相应等级。

四、枢纽布局规划思路与方法

（一）枢纽布局规划思路

按照“二定（定功能、定目标）三分（分级、分层、分类）”的目标，初步确定综合客运枢纽布局方案（草案），在广泛听取各有关方面和专家意见基础上，反复推敲后确定最终布局方案。

1. 功能明确

明确枢纽布局方案对支撑地区产业布局、城镇体系的功能作用；对加强各种交通运输方式有机衔接和提升客运站场协调配合的功能作用；对提高交通运输服务品质和旅客便捷出行的功能作用。

2. 目标确定

确定枢纽布局方案与区域经济发展、城镇空间布局、城乡客运组织和便捷群众出行相适应的综合客运枢纽总规模。确定枢纽布局方案的覆盖面和空间分布要求。确定枢纽布局方案中枢纽结构和衔接换乘要求。

3. 结点分级

结合规划地区内枢纽城市结点（或片区）的城市定位、城市形态，在区域交通网中的交通功能和运输需求等因素，对地区枢纽城市结点进行分级（综合评级）。

4. 客流分层

分析规划区内旅客出行的流量、流向等特征和运输组织模式，并结合地区区位特点等对客流进行分层（如长途、中长途、中短途、短途；国际、省际、市际、城乡、市内），明确不同级别枢纽结点城市（或片区）主要客流类型及承担的客流组织功能。

5. 枢纽分类

结合地区综合交通网规划、枢纽城市总体规划，按照枢纽的主导方式、运输能力和规模等级对地区综合客运枢纽进行分类布局。

（二）结点分级方法

枢纽结点是指以综合运输网络和枢纽场站设施等为依托的经济、政治、科教中心，并通过各种要素在地理空间上的集聚，形成区域发展极或地区中心。枢纽结点在区域上的分布具有层次性，辖区人口规模、综合交通网络发达程度、经济发展水平、行政级别是评判城市结点区位的主要依据。

开展地区综合客运枢纽布局规划，需明确不同层次枢纽结点的客运需求规模、功能、辐射影响范围等。枢纽结点分级有利于构建功能明确的综合客运枢纽体系，是布局方案拟定的基础。

枢纽结点分级一般以城市（也可乡镇、城市片区）为单位，采用定量和定性相结合的方法。定量依据规划年（如 2030 年）拟定的量化指标（如总人口、人均 GDP、人均出行次数、高速公路车道数、干线铁路条数、干线公路网密度、总客运量等），应用聚类模糊分析模型进行层次划分，再结合相关定性因素调整确定。

以《江苏省综合客运枢纽布局规划》（2013—2030 年）为例

该规划通过定量定性相结合的方法，对全省市（县）城镇结点进行了层次划分。定量方面主要考虑了社会经济、交通条件、运输能级等方面的指标，定性方面主要考虑了节点的区域特征、行政等级、政策因素等，最终分为四类结点，如图 2-8 所示。

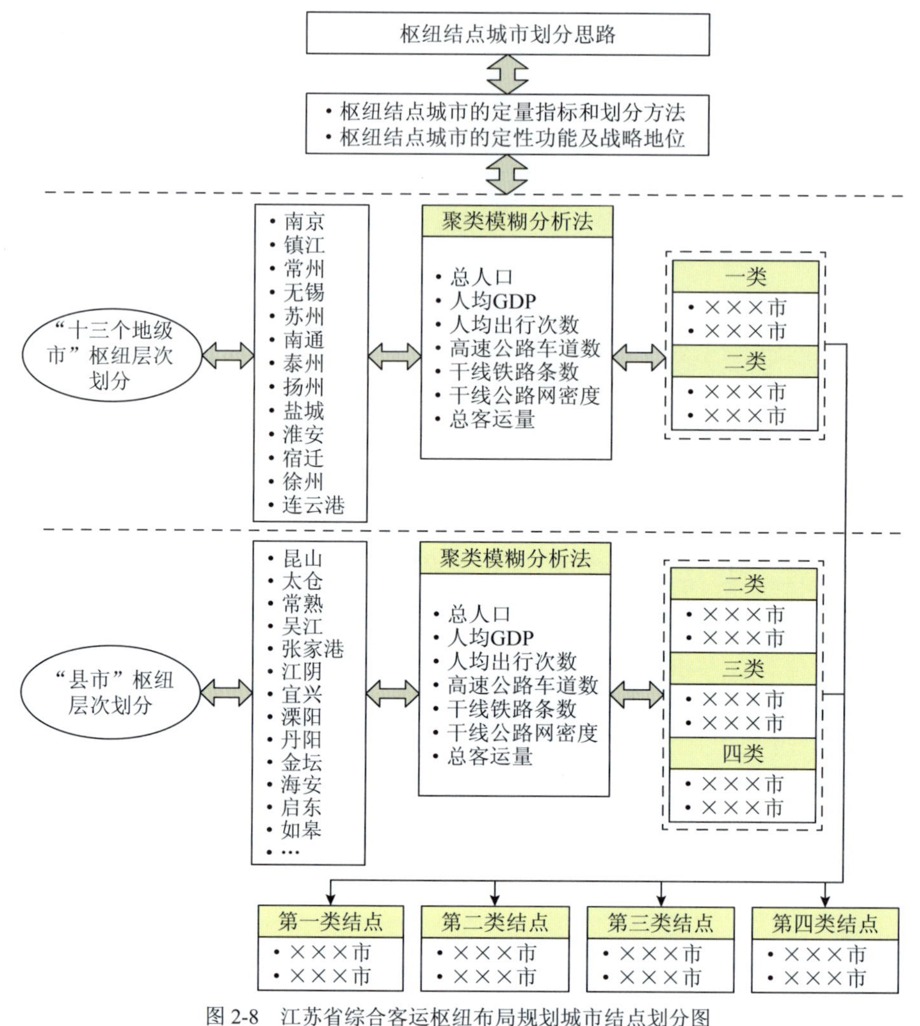

图 2-8　江苏省综合客运枢纽布局规划城市结点划分图

（三）枢纽布局规划方法

目前，综合客运枢纽布局规划还没有成熟的方法，各地在不断结合实际情况开展探索性研究。省辖市市区的综合客运枢纽规划一般可参照交通运输部颁发的《公路运输枢纽总体规划编制办法》及相关规定，结合城市规划特点与综合客运枢纽的特点展开。省域、市域综合客运枢纽规划一般可参考交通运输部《国家公路运输枢纽规划》，并结合上述市区综合客运枢纽规划的编制思路展开。

以《江苏省综合客运枢纽布局规划》为例

江苏省综合客运枢纽布局规划技术路线如图 2-9 所示。

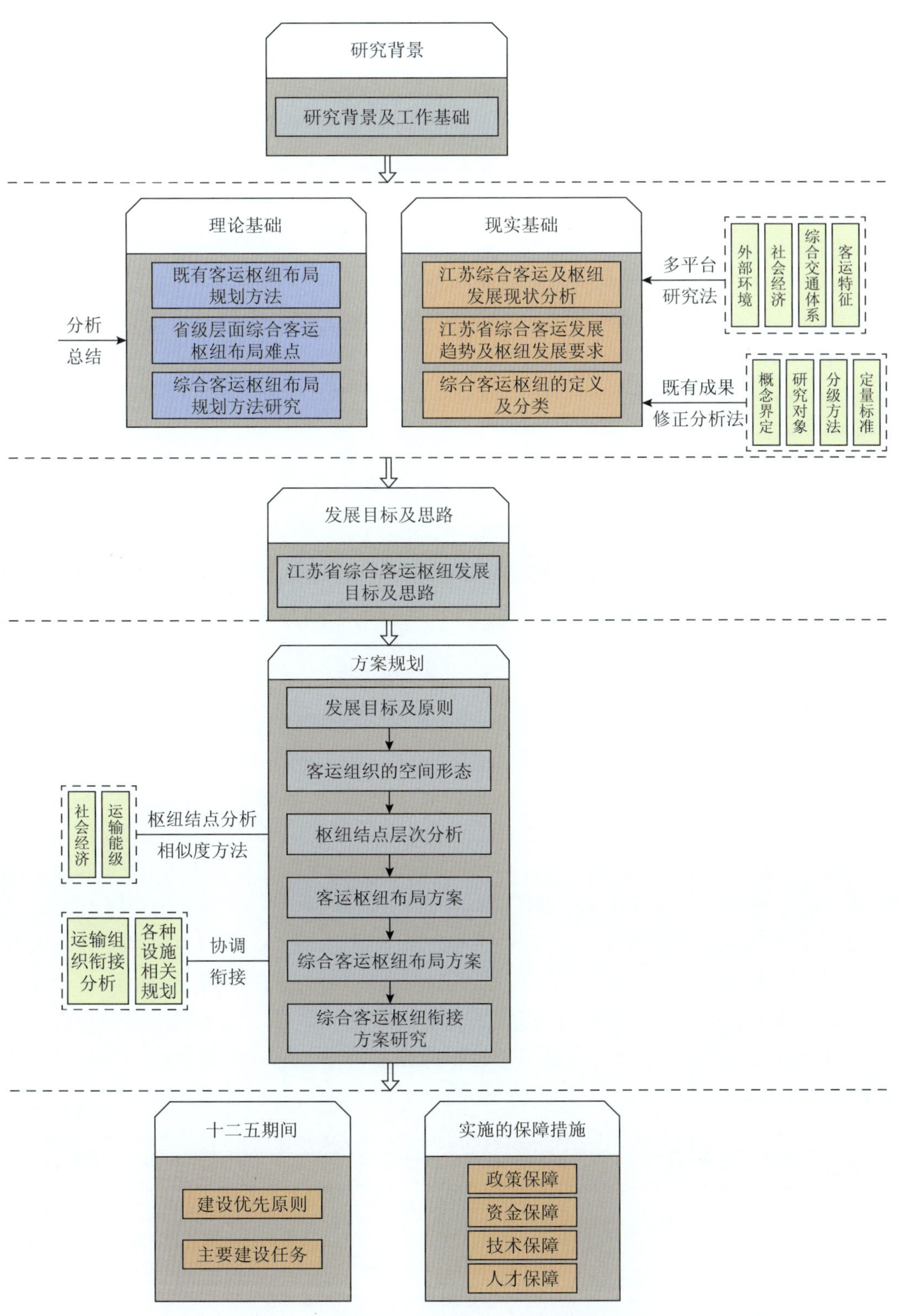

图 2-9　江苏省综合客运枢纽布局规划技术路线图

五、枢纽选址

一般在三种情况下开展综合客运枢纽选址工作：一是正在开展枢纽布局规划的枢纽选址，主要是确定枢纽的位置（或范围）及外部边界条件；二是已做过枢纽布局规划的部分枢纽，由于部分枢纽还没有实际落地或枢纽的外部边界已发生变化，需对枢纽选址进行深化或调整；三是对不必做枢纽布局规划的县级单体综合客运枢纽的枢纽选址，选址与布局规划功能合二为一。

（一）枢纽选址目的

综合客运枢纽选址的目的主要是进一步明确单体枢纽的功能、规模、衔接路线、用地范围。

1. 明确枢纽功能

在枢纽选址阶段，对于单个枢纽功能的研究应更加细致，需要清楚地界定出枢纽的腹地、服务对象、服务范围、客流规模和区域、城市交通方式种类等要素，为详细预测客流规模提供依据。

2. 明确枢纽规模

枢纽选址阶段，需要在研究客流需求的基础上，明确单个枢纽及其包含设施的建设规模，如铁路站最高聚集人数、站房规模，汽车客运站发送量、站房和车场面积等。首先，要研究社会经济、交通运输内在联系和发展趋势，分析客运需求构成，进行客流需求预测。客流需求预测的内容应包括：铁路（民航、公路）到发量、转换量（客流交换矩阵）等。客流需求预测需兼顾枢纽交通设施客流和周边地区客流，如枢纽规模较小，枢纽周边用地开发强度不大，可只进行交通设施客流预测。在需求预测结果基础上，进一步测算各种场站设施规模及等级。场站设施包括：铁路（民航）场站与站房、汽车客运站、公交场站、出租车、社会车场站等。测算依据主要参考相关规范，但需要强调指出的是综合客运枢纽用地规模不是各个场站设计用地的简单加总，应当结合枢纽项目特点综合确定。综合客运枢纽各方式场站用地规模测算依据如表 2-3 所示。

综合客运枢纽各方式场站用地规模测算依据　　表 2-3

场站类型	用地规模测算规范	测算依据	备　注
铁路客运站	《铁路旅客车站建筑设计规范》（GB 50226—2007）、《铁路车站及枢纽设计规范》（GB 50091—2006）	客货共线（普速铁路）——旅客最高聚集人数；客运专线——高峰小时发送人数	最高聚集人数——车站全年上车旅客最多月份中，一昼夜在候车室内瞬时（8 ~ 10min）出现的最大候车（含送客）人数的平均值。高峰小时发送量——车站全年上车旅客最多月份中，日均高峰小时旅客发送量

续上表

场站类型	用地规模测算规范	测算依据	备注
汽车客运站	《汽车客运站级别划分和建设要求》(JT/T 200—2004)、《交通客运站建筑设计规范》(JGJ/T 60—2012)	年平均日旅客发送量	一级站不低于 3.6m²/人，二级站不低于 4m²/人，三、四、五级站不低于 5m²/人，但四、五级站占地面积不应小于 2000m²
城市轨道交通站	《城市轨道交通工程项目建设标准》(建标 104—2008)、《城市轨道交通技术规范》(GB 50490—2009)、《地铁设计规范》(GB 50157—2013)	超高峰设计客流量	该站预测远期高峰小时客流量或客流控制期的高峰小时客流量乘以 1.1 ～ 1.4 的超高峰系数
道路公交站	《城市道路公共交通站、场、厂工程设计规范》(CJJ/T 15—2011)、《城市公共汽车和无轨电车工程项目建设标准》(JB 99-104—1996)	按每标车用地面积计算	100 ～ 200 辆公交车用地，110 ～ 125m²/标车； 201 ～ 600 辆公交车用地，100 ～ 110m²/标车； 601 辆及以上公交车用地，95 ～ 100m²/标车
停车场(社会车、出租车、自行车)	《城市公共停车场工程项目建设标准》(建标 128—2010)、《停车场规划设计规则》(公安部 建设部 88—1998)	公共停车场按照标准车停车位计算	与对外运输方式衔接的停车场按照高峰小时吸引客流量计算

3. 明确枢纽衔接路线

(1)明确铁路等外部主导运输方式线路走向

外部主导方式线路走向是综合客运枢纽选址的基础，也是在这个阶段解决的核心问题。

(2)明确城市轨道交通线位

城市轨道交通衔接是否顺畅对于综合客运枢纽尤其是特大型、大型综合客运枢纽显得至关重要，枢纽选址时须明确城市轨道交通的线位和衔接方式，特别是有规划而不能同步实施的城市轨道交通线路要考虑预留。

(3)明确城市干道走向

通过构筑层次清晰、贯通性好、密度较高的道路网络体系，保证枢纽到发交通与周边城市交通的安全性。特别是对于城市路网具有骨架作用的城市快速路，更需要在选址之初就明确城市干道走向，以便于后期相关规划工作的推进。

4. 明确枢纽用地范围

综合客运枢纽项目的选址，不应选择在地形低洼、易淹没以及不良地质地段，并且需要方便与城市的公用工程网系(道路网、电力网、给排水网、排污网、通信网等)的连接。

在划定用地范围时，需要符合土地利用总体规划，并且遵循保护耕地，特别是基本农田，合理和集约利用土地，符合国家和省供地政策等基本原则。在拟选地点地形图（比例尺为1∶500～1∶2000）上，明确枢纽建设用地边界。

（二）枢纽选址时机

综合客运枢纽的规划实施最为关键是做好枢纽的落地规划，需要把握好枢纽选址的时机，以做好枢纽用地的预留预控。

1. 铁路主导型综合客运枢纽

铁路部门往往在区域路网调整或重大线路设计时，进行地方铁路枢纽总图编制或修编。这是相关城市组织开展铁路综合客运枢纽选址规划的最佳时期。

铁路综合客运枢纽选址的核心是如何平衡铁路部门和地方利益，其关键在于对铁路工程投资、客流吸引和城市影响的权衡。需要在合适的时机，互相沟通、协调进行。地方铁路枢纽总图就是铁路部门在进行区域铁路线路走线、站址布局的相关规划，编制阶段也是地方政府与铁路部门就枢纽选址进行沟通协调的最好机会。

2. 航空主导型综合客运枢纽

作为一个城市最重要的战略资源，通常在城市总体规划中对机场选址做专门研究，并在进行项目建设前进行专项选址规划。并由省级人民政府主管部门向所在地民航地区管理局提出申请报告和选址报告，经民航地区管理局对选址报告的内容及深度进行审核后，向民航局上报审核意见及选址报告，民航局对选址报告进行审查，必要时对预选场址组织现场踏勘及专家评审，并根据现场踏勘情况和评审意见提出对选址报告的修改要求，最后向申请人出具场址审查意见。

3. 公路主导型综合客运枢纽

公路综合客运枢纽的选址通常是在城市总体规划或公路运输枢纽总体规划编制阶段，开展先期研究。

在编制枢纽所在区域控制性详细规划或单体枢纽项目建设前，再进行详细的选址研究。

（三）枢纽选址影响因素和要求

1. 枢纽选址影响因素

影响枢纽选址的因素主要包括交通和城市两方面。交通影响因素主要有：区域交通接入城市的方向、枢纽用地规模、运输组织等；城市影响因素主要有：城市用地条件、城市规划、多方式联运、市内交通系统发展条件等。具体见表2-4。

综合客运枢纽选址影响因素作用形式 表 2-4

相关影响因素		作用内容	主要作用形式
交通	区域交通接入城市方向	影响枢纽在城市中所处的方位	切向型
	枢纽用地规模	影响枢纽与城市中心之间的距离	径向型
	运输组织	多个枢纽之间的位置关系	均衡性
城市	城市用地条件	影响枢纽与城市中心的距离、枢纽在城市中所处方位	限制性
	城市规划	影响枢纽与城市中心的距离、枢纽在城市中所处方位	径向、切向型
	多方式联运	枢纽与其他对外交通枢纽之间的位置关系	集聚型
	市内交通系统发展条件	影响枢纽与城市中心的距离、枢纽在城市中所处方位	径向、切向型

2. 枢纽选址要求

枢纽选址要把握好以下四个方面要求：

（1）要与城市发展紧密衔接

综合客运枢纽选址与城市规划协调的核心是如何让城市和区域交通的整体利益最大化。从城市的角度出发，更多关注如何有效利用枢纽场站的建设来促进城市重点发展地区的开发利用和整体交通系统的整合与完善，并在保障枢纽建设条件的基础上，尽可能降低铁路等对外交通设施对城市空间的分割影响。从交通的角度出发，主要考虑大区域交通的协调发展，合理安排铁路、高速公路等走向和枢纽布局，更多从一个重大工程建设实施的角度，注重交通的近、远期客流情况，枢纽工程的可行性以及枢纽周边城市空间环境等问题。

事实上，综合客运枢纽的选址是一个综合决策，现实中很难保证枢纽同时兼顾所有理想条件，也很难同时满足交通部门与城市的各自利益。可行的方案或最佳方案，应是建立在双方充分沟通的基础上，促进交通与城市的协调发展。因此，在实际工作中，两者不能完全区分，往往是在互相协调的过程中达成共识。随着城市规模的扩大和城市化水平的提高，城市空间利用受到越来越多的限制。客观上要求交通建设应更加注重并积极主动地适应城市规划要求，也只有这样才能真正实现交通与城市的协调发展，达到“双赢”的效果。反过来，城市也应主动研究交通规划建设的需要，在城市规划上综合考虑，在城市空间控制上作好预留。只有通过枢纽选址与城市规划有效协调，才能实现交通与城市利益的最大化和社会总体效益的最大化。

（2）要有良好的人口覆盖

拥有良好的人口覆盖是枢纽选址最根本的要求。通常，我们在进行枢纽选址时不仅需要考虑对现状人口分布有良好的人口覆盖，而且需要兼顾未来人口的分布，这就是在枢纽实际选址过程中存在的两种主要观点。

一种是对现状人口有良好的覆盖，即“中心论”。认为要以人为本，坚持充分考虑乘客乘车方便，应在城市中心位置建设综合客运枢纽。从“中心论”的角度出发，城市客流集中于少数枢纽场站，可降低单位运量的固定成本，提高场站的经济效益，减少旅客换乘次数。然而，若枢纽集中布置于城市中心区，往往会造成城市交通压力增大，严重的还会造成局部路段经常性的交通阻滞。

以沪宁城际铁路沿线综合客运枢纽为例

沪宁城际铁路沿线综合客运枢纽布设在原京沪铁路走廊内，均位于城市中心地带，与原铁路站呈“背靠背”格局，周边汽车客运站、城市公交均较发达，并同步建设或预留了城市轨道交通站点，交通可达性好，公众出行十分便捷。枢纽开通后，交通流量增长较快，如无锡铁路站综合客运枢纽日发送量已经接近设计指标（3 万人次 / 日），国庆高峰日达到 4.3 万人次 / 日；常州铁路站综合客运枢纽汽车客运站日发送量也已经达到设计指标（2 万人次 / 日），2012 年国庆黄金周日均 4.99 万人次。

另一种是对规划人口有良好的覆盖，即“外围论”。认为随着城市规模的逐步扩大，综合客运枢纽的搬迁或新建应远离市中心，选址主要围绕城市外围。由于能适应城市框架的拉大和规模的扩大，从而在许多综合客运枢纽建设选址过程中得到逐步认可。若从“外围论”的角度出发，枢纽完全分散在城市边缘区的各个对外交通干线出口，进出客流通过城市交通系统集疏，可避免城市交通拥挤，实现城市中心区的功能优化。但往往会加大乘客的出行成本，增加换乘次数，不能体现“以人为本”的发展思路。

以京沪高铁江苏段沿线铁路综合客运枢纽为例

京沪高铁在江苏境内主要经过徐州、南京、镇江、常州、无锡、苏州和昆山等大城市或特大城市，其沿线综合客运枢纽均设置在城市建成区外围，不仅承担着引导城市开发的重任，也为未来客流集聚提供服务。

在枢纽选址的具体实践过程中，我们不能片面地强调“中心论”或是“外围论”。应该始终坚持以方便居民出行为大前提，既要有利于覆盖建成区内旅客出行，也要有利于未来新城区旅客出行。

（3）要有良好的集疏运条件

枢纽选址要注意与城市道路网、城市轨道交通网络规划相协调，尤其要系统考虑城市轨道交通网络对城市交通体系的影响，以促进城市轨道交通网络与综合客运枢纽选址的相互耦合。

从实际操作中来看，枢纽的城市交通集疏运设施也是规划建设中的重中之重。我省已建的各个枢纽都能依据周边用地、路网条件、工程基础，以便捷换乘为目标进行集疏运体系建设。

（4）要有建设枢纽的用地条件

综合客运枢纽占地面积较大，对用地的地形、地貌及地质、水文等自然条件都有一定的要求。

从枢纽用地规模来看，需要保证有足够规模的交通用地和周边开发用地。保障用地规模的关键要素是对枢纽建设用地价值的权衡，综合客运枢纽作为大型公共服务设施，往往无法直接获得土地使用收益，并且相对于其他方式的土地开发，回报期较长；但枢纽对周边区域的带动作用和对区域发展的引导作用是其他用地开发无法比拟的，因此在选址或进行城市规划时需要为枢纽保障土地规模。

从用地建设条件来看，枢纽的位置也不应该选择在地形低洼、易淹没以及不良地质地段，这既降低了工程施工难度，也为后期的运营提供了方便。为了降低施工难度和成本，枢纽的选址也要遵循方便与城市的公用工程网系（道路网、电力网、给排水网、排污网、通信网等）连接的原则。

六、枢纽布局规划及选址成果内容

（一）枢纽布局规划研究报告

综合客运枢纽布局规划的研究成果是“×××综合客运枢纽布局规划研究”（简称“研究报告”）。研究报告应分析规划区域经济社会和交通发展现状与趋势、客运需求现状与趋势、铁路公路等综合交通基础设施现状和规划，研究确定区域枢纽功能体系、空间布局、服务配置和规模等级，提出枢纽实施方案及措施建议。研究报告主要参考内容框架如下：

×××综合客运枢纽布局规划研究报告主要内容框架

一、概述

1.1 研究背景

1.2 研究工作基础

1.3 研究内容及目标

1.4 研究依据、对象及范围

1.5 研究思路及技术路线

二、综合客运及客运枢纽发展现状

2.1 经济社会发展水平（经济总体发展水平、社会发展水平）

2.2 综合交通线网发展现状（综合运输通道、各运输方式线网水平）

2.3 综合客运发展现状（总量特征、空间分布、出行层次及特征）

2.4 客运枢纽现状及存在问题（发展现状、存在问题）

三、客运发展形势及对枢纽发展的要求

3.1 未来交通发展环境和阶段特征

3.2 经济社会发展趋势

3.3 综合交通运输体系

3.4 综合客运发展形势分析

3.5 对客运枢纽建设的要求

四、国内外综合客运枢纽发展经验及启示

4.1 国内外综合客运枢纽发展与规划理念

4.2 国内外综合客运枢纽建设与管理经验

4.3 国内外综合客运枢纽规划案例分析

4.4 经验启示及发展趋势判断

五、综合客运枢纽的定义及分类

5.1 综合客运枢纽的定义

5.2 综合客运枢纽分类方案

5.3 综合客运枢纽功能定位

六、综合客运枢纽布局规划

6.1 指导思想、规划原则及规划目标

6.2 综合客运枢纽布局方法研究

6.3 枢纽结点层次分析(层次划分、结点特征、结点功能定位)

6.4 客运空间组织与枢纽布局形态

6.5 客运枢纽的布局方案(需求与供给特性分析,国际、中长途、中短途等客运组织及相应枢纽布局方案)

6.6 综合客运枢纽的布局方案(重要客运枢纽分析、综合客运枢纽衔接方式类型、近远期布局方案)

6.7 布局方案评价

七、综合客运枢纽衔接方案研究

7.1 各类型综合客运枢纽的衔接要求

7.2 综合客运枢纽的衔接方案(各种类型、不同规模)

八、综合客运枢纽近期建设重点和任务

8.1 建设优先原则(建设重点)

8.2 近期建设任务

九、保障措施与建议

(二)枢纽布局规划文本

综合客运枢纽布局规划的报批成果是“××× 综合客运枢纽布局规划”(简称“规划文本”)。规划文本应包括规划背景、必要性、指导思想和原则、功能定位与规划目标、布局方案与效果、建设重点及保障措施。文本主要内容框架如下:

××× 综合客运枢纽布局规划文本主要内容框架

一、规划背景
二、规划的必要性
三、指导思想和基本原则
(一)指导思想
(二)基本原则
四、功能定位与规划目标
(一)功能定位
(二)规划目标
五、布局方案和布局效果
(一)布局思路
(二)布局方法
(三)布局方案
(四)布局效果
六、近期建设重点和任务
(一)建设重点
(二)建设任务
七、保障措施
八、附表与附图
(一)附表[××× 综合客运枢纽布局方案表(××××—×××× 年)]
(二)附图[××× 综合客运枢纽布局方案布局图(××××—×××× 年)]

(三)枢纽布局规划及选址成果编报

综合客运枢纽布局规划一般由所在地交通、规划主管部门组织编制,在听取专家及公众意见调整完善后,成果报省住房和城乡建设厅、省交通运输厅联合审查后,报市级人民政府批准,并纳入所在地城市总体规划和相关专项规划。

综合客运枢纽选址成果的形式可以多样,可以是针对枢纽布局规划的深化或调整,也可以是针对单个枢纽选址的研究报告。枢纽选址规划应由地方城乡规划和交通主管部门共同组织编制,经审查后,成果报当地人民政府批准,并纳入相关规划。

第三章 枢纽项目总体规划

综合客运枢纽项目总体规划是在枢纽布局规划及选址的基础上，研究某一特定枢纽项目的发展定位、设施规模、用地规划、总体布局、交通组织和集疏运系统等内容，为下一阶段各分项设施的工程方案设计提供基础。枢纽项目的总体规划需要与该地区的城市控制性详细规划相协调并衔接一致，首先依据客流需求预测量确定各交通设施的规模，再在枢纽用地范围内明确主导交通方式站场以及其他配套交通方式站场的位置。要注重枢纽项目换乘大厅、换乘通道等公共衔接设施的设置，并适度把握好商业等附属设施的开发规模。

一、枢纽项目总体规划目标

枢纽项目总体规划应依据枢纽的功能定位、用地条件、投资情况和管理模式等，考虑枢纽内客流强度、旅客出行习惯、交通方式构成等影响因素，研究并提出枢纽发展定位、枢纽建设规模、枢纽地区城市空间结构、枢纽设施布局形式、集疏运设施标准和衔接方案、枢纽内外车流和客流组织方案等。

（一）协调各个分项规划

枢纽项目总体规划是城市规划在枢纽地区的具体体现，要准确地把握综合客运枢纽对城市空间布局、土地利用的影响，加强对枢纽地区的统筹规划。总体规划需协调各分项规划，合理确定枢纽用地结构，明确交通、商业、文化、商务等各类设施建设规模与空间布置。同时充分考虑枢纽对城市景观等的影响，体现城市发展对本地区景观和空间特色的要求。

（二）提供规划设计依据

枢纽项目总体规划可为铁路、轨道等与枢纽项目总体规划同期开展的大型分项工程的规划设计提供依据。枢纽项目总体规划也是其他横向分项工程规划设计的基础和依据，尤其是在总体规划中需要明确一些规划设计的关键指标，如关键建筑（站房、候机楼等）的横向边界和纵向标高等。

（三）指导工程方案设计

枢纽项目总体规划也需要指导下一阶段枢纽各分项设施工程方案设计。枢纽项目总体规划在清楚地划分各个专业界面的同时，也需要达到必要的深度，为枢纽各个专业自身的深化设计提供依据和外部条件。在必要时，可以对总体规划的某些分项内容进行单独深化，以协调方案设计深度，利于下阶段工程方案设计的衔接与拆分。

（四）明确枢纽管理界面

枢纽项目总体规划要为枢纽核心地区管理提供技术依据。在总体规划阶段，应当明确各个分区的功能，通过空间布局方案（平、纵）可以明确枢纽内各项设施相对应的实际产权、出资、建设主体等内容，这些内容都是枢纽管理的决定要素。

二、枢纽项目总体规划内容

（一）枢纽发展定位

综合客运枢纽项目是集合多种交通方式的综合体，其项目功能定位和各交通方式场站定位是总体规划的关键内容。主要涉及三个方面内容：一是明确综合客运枢纽项目在区域、城市和综合交通网络中的功能定位；二是明确综合客运枢纽项目中各交通方式在其自身网络中的功能定位；三是明确各交通方式场站之间的功能关系及其在综合客运枢纽项目中的定位。

以广州铁路南站综合客运枢纽为例

广州铁路南站综合客运枢纽是亚洲最大的综合客运枢纽之一，也是广州市的城市门户之一。规划广州铁路南站枢纽有四条高铁（武广、贵广、南广、广深港）、三条城际（广珠、广佛环线、广莞惠）、四条地铁（2 号线、7 号线、20 号线琶洲联络线、佛山 2 号线），及预留的三条城市轨道交通线。规划总规模达 15 座站台，28 条到发线。预计 2020 年旅客发送量为 8500 万人次 / 年，2030 年将达到 1.3 亿人次 / 年。建筑总量 56 万 m^2，雨棚投影面积 21 万 m^2，相当于 29 个足球场面积。

（1）广州铁路南站综合客运枢纽功能定位

①区域发展定位：服务珠三角，面向华南地区的区域交通平台。

从广州铁路南站综合客运枢纽出发，旅客可用 33min 到达珠海，30min 到达中山，40min 到达江门，22min 到达清远，46min 到达韶关，2h18min 到达长沙，3h08min 到达武汉。广州铁路南站综合客运枢纽区域发展定位如图 3-1 所示。

②城市发展定位：构建广佛一体化交通的重要支撑。

广州铁路南站枢纽距广州珠江新城 17km，距佛山禅城中心 18km，距番禺区中心 10km，区位条件十分优越。半小时覆盖广佛重点地区的出行圈。铁路南站为广佛两市提供公共交通枢纽平台，成为同城整合的催化剂。

（2）地铁、长途汽车等其他交通方式的功能定位

①地铁。

2 号线起始于番禺区广州铁路南站，穿过洛浦板块、过珠江进入海珠区，经过海珠客运站、东晓南路，随后转向北进入江南大道，沿江南大道北上，在海珠桥西侧约 50m 处穿越珠江，为连接白云区和番禺区的城市大动脉。

20 号线琶洲联络线建立了广州铁路南站至琶洲的快速联系，支持琶洲地区的发展。

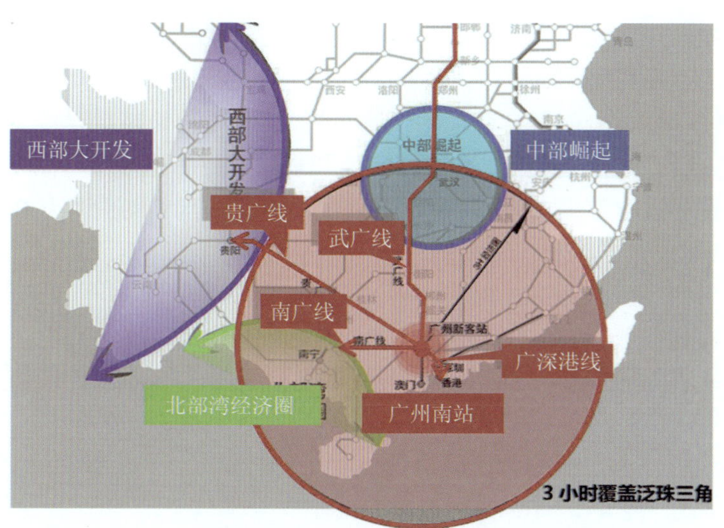

图 3-1 广州铁路南站综合客运枢纽区域发展定位示意图

7 号线大致呈东西走向，串联起番禺北部的广州铁路南站，往东经钟村、汉溪长隆、大学城、长洲岛，止于黄埔区大沙东站。建成后，将加快形成以轨道交通为骨干的公共交通体系，构筑番禺组团内的轨道交通走廊，有效加强大学城与新客站的沟通。

佛山 2 号线作为第二条广佛城际通道为东西向骨干线。

②长途汽车。

枢纽中的汽车客运站是《广州市公路运输枢纽总体布局规划》中的主枢纽客运站之一，也是作为广佛交通设施同城化标志之一的广佛国家级公路组合运输枢纽的主场站。

（3）各交通方式在枢纽中的功能定位

一方面，长途汽车、城市轨道交通、公交、出租车、社会车为高铁站提供客流集散服务；另一方面，城市轨道交通、公交、出租车、社会车等又为长途汽车集散客流。各方式之间无缝衔接，协调一致。

地区交通方面，为快速疏解高铁车站带来的巨大人流，规划提出“二八”和“双十”的交通目标与策略，即 20% 采用个体交通、80% 采用公共交通和站内 10min 完成交通方式的转换、地面交通 10min 接驳高快速路集疏运系统。

公共交通方面，规划提出“内部公交环线”的策略，以客站大楼为中心，半径 800m 范围内，规划一个长约 5.3km 的公交环线，快速疏解换乘人流，避免对南站大楼造成过大的交通压力，环线共设站 9 座，近期采用公交专用道，远期可从 BRT 过渡至有轨电车；此外，在内部环线周围还规划了三个接运公交线路，分别服务西区（4.25km/11 站）、东区（6.6km/13 站）和站西两侧大环（9.1km/18 站）。

（二）枢纽设施规模

枢纽项目总体规划的一项重要任务是确定各交通方式场站的规模和等级，以及主要设施的建设指标（如汽车客运站发车区、停车区面积等），以此作为空间布局和主体建筑方案设计的参考依据。

测算设施规模时，必须依据客流量的预测结果，结合分项设施的功能定位综合确定。客流需求预测的主要内容分为枢纽交通设施客流和周边地区开发客流两部分，如果枢纽规模较小，枢纽地区开发强度不大，可以只进行交通设施客流预测。综合客运枢纽客流预测主要内容如图 3-2 所示。

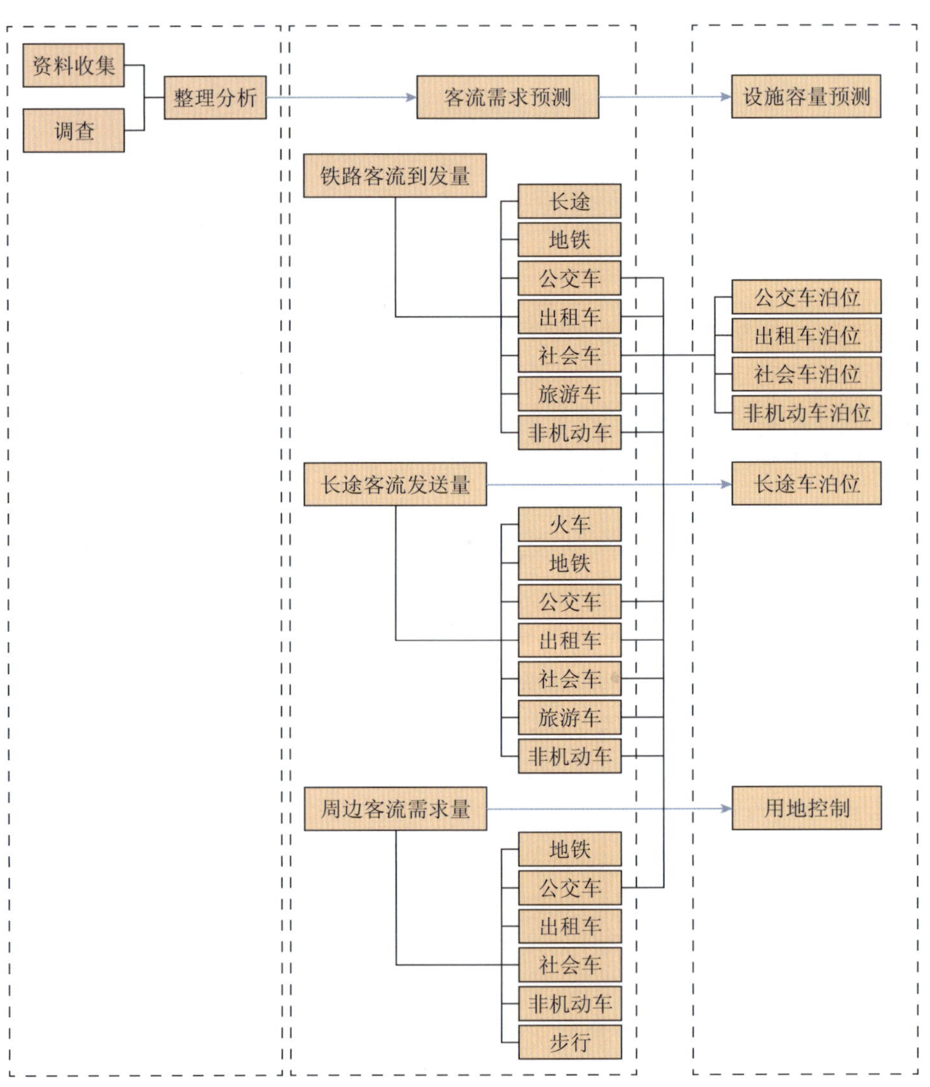

图 3-2　综合客运枢纽客流预测主要内容

1. 枢纽交通设施客流预测

枢纽交通设施客流预测是针对综合客运枢纽中对外运输方式到发客流及其为之集疏运的城市公交（轨道）、社会车、出租车等客流量的预测。通常应该得出各对外运输方式的到发量、高峰量、各集疏运方式的分担量以及相互之间的转换量等。

2. 周边地区客流预测

周边地区客流预测是针对周边地区城市开发发展产生的客流量预测，不涉及利用枢纽对外出行，主要是基于枢纽地区交通可达性而通过步行、公交使用枢纽内轨道、公交等交通设施的客流。可参照城市公共交通客流预测思路分为人口与岗位预测和客运交通需求预测两步。

在实际规划中，对综合客运枢纽项目内各类交通场站建设规模测算时，在考虑客流需求和相应行业规范与标准时，必须考虑综合客运枢纽综合性特点，尤其需要注意对公共或兼用换乘空间（换乘廊道、换乘夹层）建设规模的确定，同时要明确给出各场站内主要生产设施的需求规模，明确各类场站设施的建设指标和站级标准。

以广州铁路南站综合客运枢纽为例

根据铁路部门建设规划，2020 年广州铁路南站旅客发送量为 35 万人次 / 日。考虑到广州与佛山地区的客流量，广州汽车客运南站的设计目标为发送量 8.6 万人次 / 日。以此为基础，测算广州汽车客运南站的相关技术指标，如表 3-1 所示。

广州汽车客运南站相关技术指标　表 3-1

项目	技术指标	项目	技术指标
用地面积	68288m^2	绿化面积	3625m^2
总建筑面积	101982m^2（东广场南北两侧 65530m^2+ 咽喉桥底待发区 36452m^2）	落客位	6 个
建筑密度	3.30%	发车位	42 个
容积率	1.3	行包位	2 个
绿化率	11.40%	层数	地下两层

（三）枢纽用地规划

在枢纽项目总体规划中，需要明确枢纽地区用地的总体规模、结构、景观和地下空间利用。

通常在进行枢纽项目总体规划时，根据枢纽的功能和规模，划定周边影响区域，由城市规划部门组织开展枢纽地区控制性详细规划。

枢纽地区内商务、通勤、休闲等各种客流汇集，区域、城市、城乡等各种交通功能以及地区开发功能和城市门户形象功能交错，因此需要对建筑、交通、景观以及地下空间进行统筹规划，以节约和集约利用土地资源。

以杭州铁路东站综合客运枢纽为例

杭州铁路东站综合客运枢纽包含沪杭磁悬浮，杭宁、杭甬高速轮轨以及地铁、常规公交、出租和社会车辆等各种交通方式，枢纽日换乘客流在25万～30万人次，杭州火车东站将与杭州铁路站、杭州铁路南站（萧山站）一起形成杭州"一主两副"的客运枢纽格局。

在杭州市规划局组织的杭州东站综合客运枢纽地区规划国际方案征集中，中选方案为法国AREP公司和浙江省城乡规划设计研究院编制的规划方案，同时吸收其他三个征集方案的优点，分综合体、枢纽区、核心区、辐射区四个层面逐层进行完善。其中：综合体安排在0.2km^{2}范围之内；枢纽区在0.6km^{2}范围内；核心区规划面积为9.3km^2，是以交通功能为主、产业辅之的东站新中心，将成为一个适宜民居的现代化城市新中心；辐射区规划面积为78.6km^2，用于解决和消化因东站枢纽建设所产生和需要的大的功能影响。

如图3-3所示，在杭州东站周边的9.3km^{2}枢纽核心区中，由于周边没有历史建筑，因此在核心区城市设计中没有相关约束，主要思想是通过规划引导，让周边的建筑风格向杭州东站的现代风格靠拢。

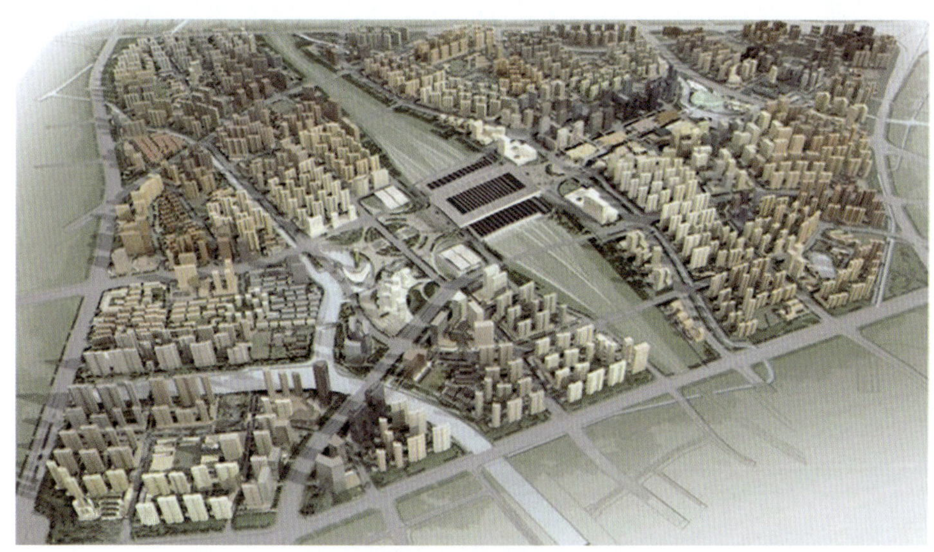

图3-3 杭州铁路东站综合客运枢纽核心区城市设计效果图

（四）枢纽总体布局

枢纽总体布局方案是枢纽项目总体规划的核心内容，主要解决枢纽项目内部功能分区与布局、总体布局（含总平面布置与竖向布置）、市政公用配套衔接设施三方面问题。

在进行枢纽功能布局时，首先依据枢纽项目主导交通方式的功能定位，分析枢纽项目内部各种交通方式间的换乘关系，确定枢纽内部主要功能分区的组成和联系，构建枢纽功能联系的总体框架；并结合用地特点、建设需求、进出交通条件，以及内外交通组织要求等基本原则，初步确定枢纽功能区的空间布局形式。

然后分析生产业务流程、主要作业工艺方案和换乘模式，比较、优化和调整枢纽的布局结构，确定枢纽的出入口、具体功能区的空间布置方案；并按照枢纽功能空间布局的要求，结合各功能分区细部空间划分，确定枢纽的总平面布置方案和竖向布置方案。

在此基础上，按照交通需求特征，进行各类市政设施的初步衔接方案设计，并进行优化。

以上海虹桥综合客运枢纽为例

上海虹桥综合客运枢纽，位于上海市西郊，距市中心约13km。虹桥综合客运枢纽是一个集机场、高速铁路、城际和城市轨道交通、公共汽车、出租车等交通方式为一体的现代化大型综合交通枢纽。

枢纽项目各交通设施的平面布局自东向西依次为：虹桥机场西航站楼、东交通广场和地铁东站、磁浮车站、高铁车站和地铁西站、西交通广场。

就立体布局来看，共分为五层：地上三层为商业开发层；地上二层为高铁、磁浮候车和机场登机层；地面层为高铁、磁浮站台层和机场离开层；地下一层为铁路、磁浮出站层和地铁站厅层；地下二层为地铁站台层。贯通整个枢纽的通廊有三条：地上二层（高架候车和机场登机层）、地下一层（出站层）和地下二层（捷运层），具体如图3-4所示。

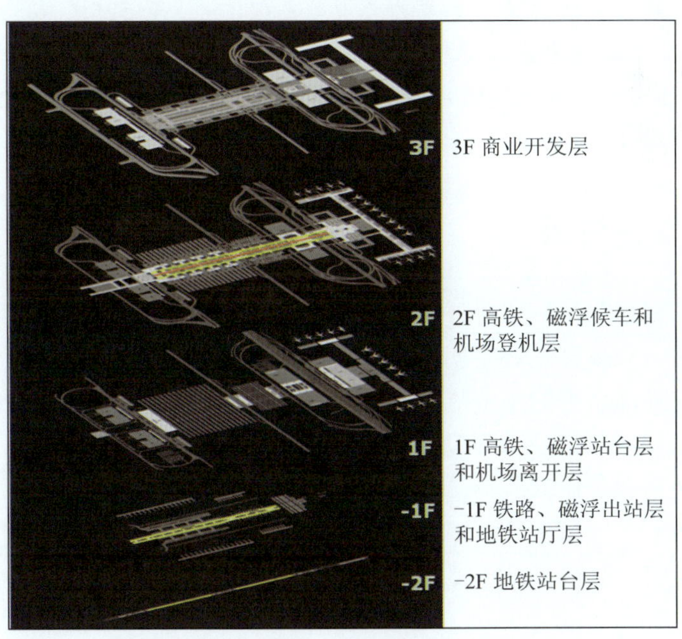

图3-4 上海虹桥综合客运枢纽竖向布置示意图

轨道交通进入枢纽的线路为2号线、10号线、17号线、5号线、青浦线。其中2号线与10号线由东向西在地下二层横穿枢纽核心区，17号线与5号线南北向由地下三层交于铁路站房西侧，并与2号线及10号线形成换乘。青浦线由西向东从地下二层进入枢纽西侧，与2号线、10号线平行形成换乘。多条城市轨道交通线路的引入体现了城市公共交通优先的先进理念，同时再次加强了建筑体内东西间的连接与沟通，具体如图3-5所示。

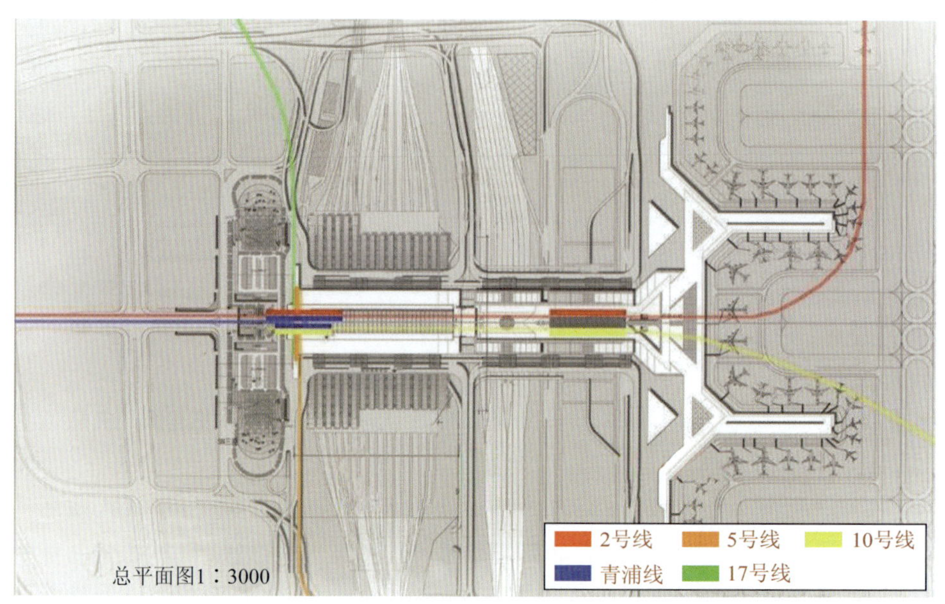

图3-5 上海虹桥综合客运枢纽轨道交通衔接示意图

虹桥枢纽周边规划集疏运道路主要为北翟路高架（延伸至S26）、G50、辅快、青虹高速、漕宝路高架，整个道路路网考虑了G15、S32、S6以及中心城内武宁路高架、井字形通道的建设，形成枢纽对外的主要客运通道：两环（外环线、中环）、五横（G42、S26、G50、G92、北翟路、漕宝路）及两纵（G15、辅快）。

（五）枢纽交通组织

枢纽交通组织规划包括枢纽对外交通组织规划和枢纽内部交通组织规划两类。

枢纽对外交通组织规划主要是明确枢纽对外出入交通的位置、流向及交通组织方式，使枢纽的出入交通与外部路网的服务能力衔接匹配，并尽量减少相互间的干扰。

枢纽内部交通组织规划主要是明确枢纽内部的各种人流和车流的规划设计，以实现枢纽内旅客的便捷换乘和车辆的流畅循环。

以深圳福田综合客运枢纽为例

深圳福田综合客运枢纽是深圳市第一个具备车港功能的综合交通枢纽，是国内最大"立体式"交通综合换乘站。该中心是一个大型公共交通基础设施项目，集长途客运、城市公共交通、地下轨道交通、出租小汽车及社会车辆于一体，并与地铁竹子林站无缝接驳。

深圳福田综合客运枢纽对外交通组织分为两部分：常规公交，东西向主要借助深滨一路和白石洲路进行内部转换，然后接入东西向深南大道、滨河路和南北向侨城东路进行交通组织。长途客车，南北向可以直接接入京港澳高速公路，东西向需借深滨一路和白石洲路进行内部转换，然后接入东西向深南大道，具体如图3-6所示。

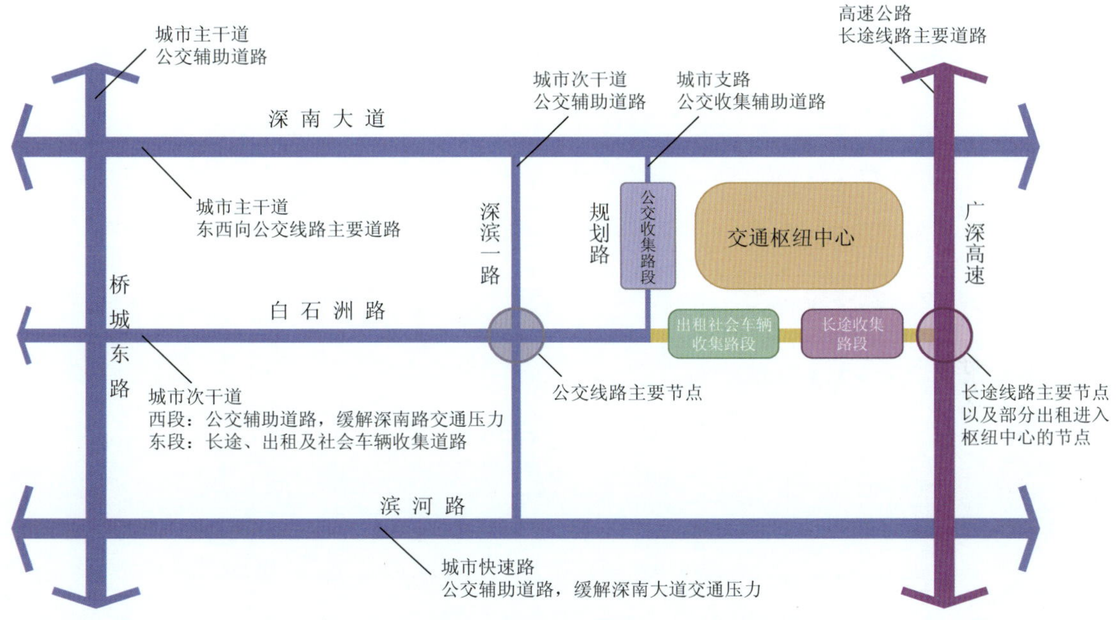

图3-6　深圳福田综合客运枢纽对外交通组织示意图

福田综合客运枢纽的内部交通组织分为车流和人流两部分。其中车流交通组织分为常规公交、长途车和出租车三类，具体如图3-7所示。枢纽内部的人流交通组织主要分为地铁人行、社会车辆及出租车人行、公交人行、长途汽车四类，具体如图3-8所示。

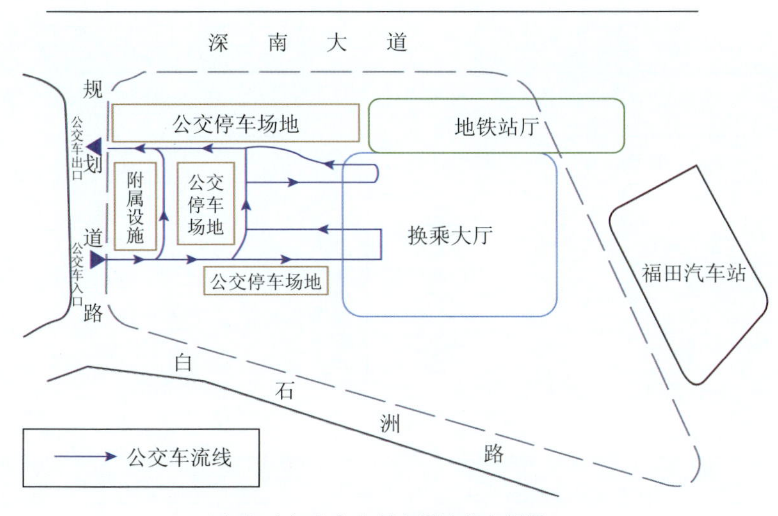

a）枢纽内部公交车行交通流线分析图

图　3-7

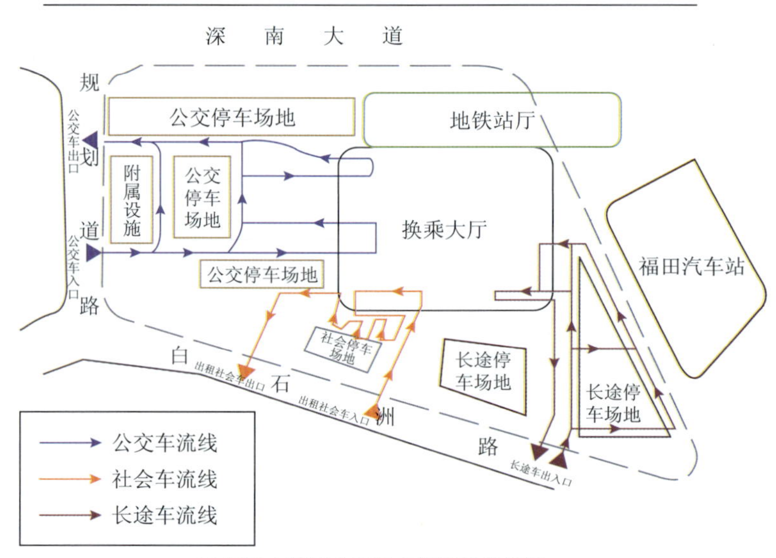

b）枢纽内部综合车行交通流线分析图

图 3-7　深圳福田综合客运枢纽内部交通组织流线图

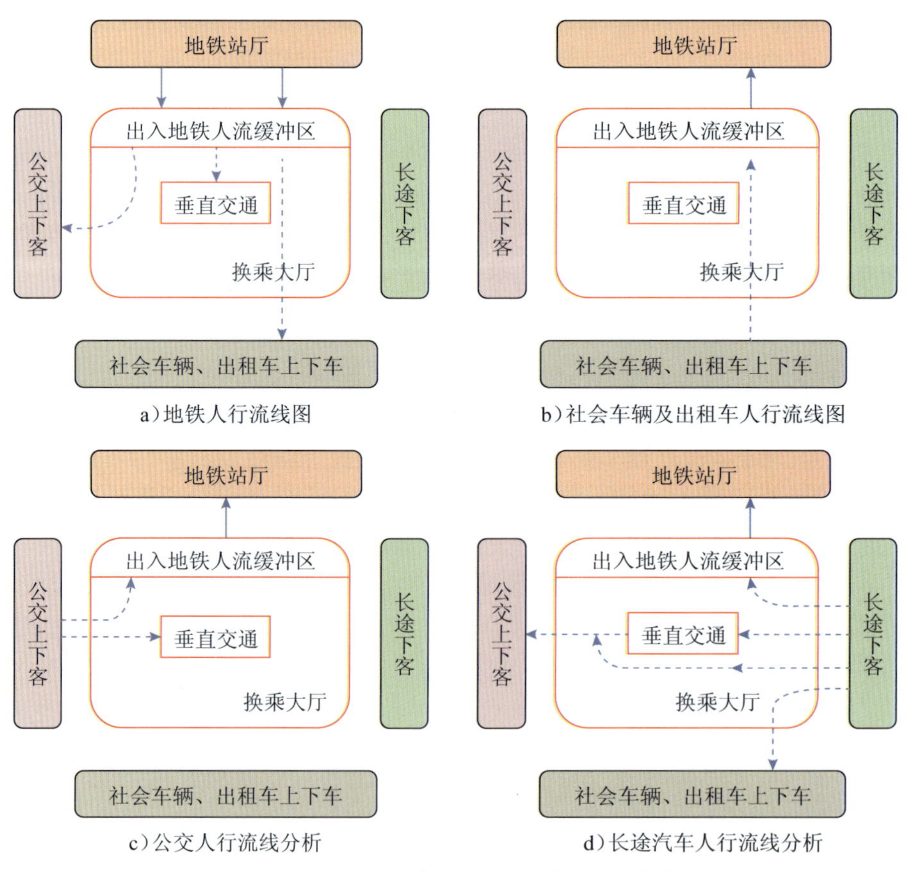

a）地铁人行流线图

b）社会车辆及出租车人行流线图

c）公交人行流线分析

d）长途汽车人行流线分析

图 3-8　深圳福田综合客运枢纽内部客流组织流线图

（六）枢纽集疏运系统

枢纽集疏运系统规划主要是明确与枢纽相衔接的主要道路（包括：城市主要干线和对外的区域线路）的衔接位置、衔接方式，以及相应线路的规模标准和断面形式（宽度等），使枢纽出入车流与周边路网的服务能力相衔接匹配。在进行集疏运交通规划时，需要将整个枢纽作为节点，通过合理的方式与综合交通网统筹规划。

以南京铁路南站综合客运枢纽为例

南京铁路南站综合客运枢纽规划有四条城市轨道交通（地铁 1 号线南延线、3 号线、6 号线和机场轻轨线）接入，周边由“二横二纵”的井字形高快速路以及“四主六次”的高密度主次干道构成集散道路网络，目前已开通地铁 1 号线南延线、3 号线、机场轻轨线和多条公交线路。南京铁路南站综合客运枢纽集疏运路网图如图 3-9 所示。

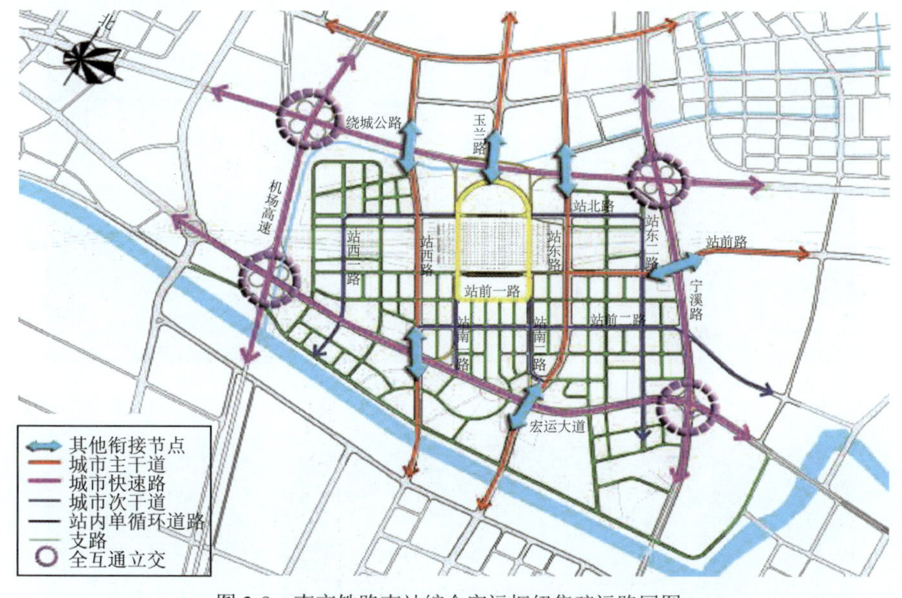

图 3-9 南京铁路南站综合客运枢纽集疏运路网图

三、枢纽项目总体规划影响因素

（一）城市功能

城市功能主要影响枢纽设施尤其是城市交通设施配置及规模。

城市功能强的枢纽，其主要配套的城市交通设施需要更多兼顾城市功能的开发，所需要的设施级别和规模也会越大，例如引入地铁等大容量城市轨道交通。此外，城市功能也影响着枢纽的建筑、景观形式等。

以日本名古屋“荣”综合客运枢纽为例

日本名古屋市“荣”综合客运枢纽位于市中心，由水的宇宙船、绿色的大地、公共汽车中心站、轨道交通站(地铁站)、21世纪科学信息中心、银河广场、地下商场七部分组成，并与爱知县文化艺术中心、日本NHK电视台名古屋电视中心、大型地下商业网相互连接，成为集交通、购物、娱乐、休憩、集会、信息获取等功能为一体的城市综合体。具体如图3-10～图3-11所示。

图3-10　日本名古屋“荣”综合客运枢纽外景图

图3-11　日本名古屋“荣”综合客运枢纽地下一层下沉式广场

“荣”枢纽于2002年10月建成启用，整个枢纽地铁日均换乘约24万人次，公交车日均换乘约9000人次，来访21世纪科学信息中心的日均约7万人次，来这里购物旅游的日均在50万人次以上。

（二）客流强度

枢纽的客流强度决定了枢纽体设施空间布局的形态、规模及交通流线设计。

枢纽体内部各种交通方式间的换乘客流量是确定枢纽规模、功能与空间布局的主要依据。其中枢纽体内各交通方式的旅客集散总量，决定着该交通方式设施的空间布局形式和规模；各种交通方式之间的转换量决定着枢纽的功能布局和衔接设施设置。客流量大、换乘比例高的枢纽一般可采用相对紧密的立体式布局形式，以便于大量客流的交换和组织可相对集中；客流强度不大的枢纽一般可采用相对松散的平面式布局形式。

（三）交通方式的构成

交通方式的构成主要体现在两个方面，一是主导交通方式的类型，二是枢纽体内其他交通方式的数量。

前者决定了枢纽的空间布置。一般来说，主导交通方式的规划将主导并协调其他交通方式规划，其他各交通方式主要是围绕主导方式功能辅助配合的。因此，主导交通方式的空间布置将决定着枢纽的整体空间布置。后者决定了枢纽建设的总体规模。枢纽集合的交通方式越多，所需的建设规模自然也越大。

（四）管理模式

枢纽管理模式的基础是产权关系的划分，有利于明确界定产权关系则成为枢纽的空间规划设计的重要考虑因素。

总体而言，枢纽的管理者和投资者都希望枢纽的产权关系相对清晰、简单，并不希望出现资产核算复杂的情况。从枢纽自身的规划来看，平面式枢纽空间布局中各个设施之间关系简单明确，立体式枢纽空间布局资产切割和核算相对比较复杂。

（五）出行习惯

综合客运枢纽规划建设主要是为了方便公众出行和换乘，因而公众的出行习惯是影响规划建设的主要因素之一。

规划中应考虑公众出行的三个基本要求：一是要有最基本的交通方式满足出行；二是要有相对经济的交通方式供选取；三是要换乘便捷。上述要求影响着枢纽的空间布局，尤其是换乘时间和距离对乘客的出行心理及出行方式的选择有重要的影响，是衡量枢纽换乘连续性、通畅性、设施紧凑性的首要指标。

（六）用地条件

一般来说，枢纽用地面积较小，而枢纽规模较大时，枢纽设施空间布局形式适宜采用立体式。枢纽用地面积较大，枢纽规模较小时适宜采用平面式。此外，当工程用地高差较大时，适合立体式布局。

（七）投资开发

投资开发涉及两个方面，建设投资和配套开发。

从建设投资的角度看，对于大城市，或者选址位于城市中心区的枢纽，征地拆迁成本较高，采用立体式空间布局可以节省投资；对于小城市，或者位于城市外围的枢纽，征地拆迁成本较低，采用平面式布局可以节省投资。

在枢纽规划建设的同时进行配套开发，有利于回收资金，提高经济效益，但对其开发的性质、规模应具体分析，严格控制。因为商业服务必然吸引更多的人流，同时引起人群的停滞，从而有可能影响枢纽换乘功能的发挥。

以沪宁城际铁路沿线综合客运枢纽为例

鉴于综合客运枢纽投资规模大，营运成本高，枢纽建设中一般都进行较大规模的商业开发，以便通过获取商铺增值和出租收益来平衡建设和运行成本。南京、镇江枢纽体内配建了商业设施，镇江、无锡枢纽周边进行了商业空间的综合开发，使得枢纽地区具备了成为经济、商务、公共活动频繁的城市新中心的条件，充分发挥了综合客运枢纽建设的城市开发功能。枢纽周边土地增值效益显著，形成空间综合开发利用、增值资金补偿投资的良性循环。无锡高铁站及周边城市开发实景图如图 3-12 所示。

图 3-12　无锡高铁站及周边城市开发实景图

四、枢纽项目总体规划要求

（一）总体布局要求

1. 规模适度

各设施规模应该与客流预测量相适应。

以常州铁路站综合客运枢纽为例

根据预测，常州铁路站综合客运枢纽2020年旅客发送量：城际铁路为1059万人次/年；长途汽车为420万人次/年，日均到发2.4万人次；出租车日均到发1.2万人次；公交日均到发7万人次。如图3-13所示。以此为依据，预测交通设施规模为：

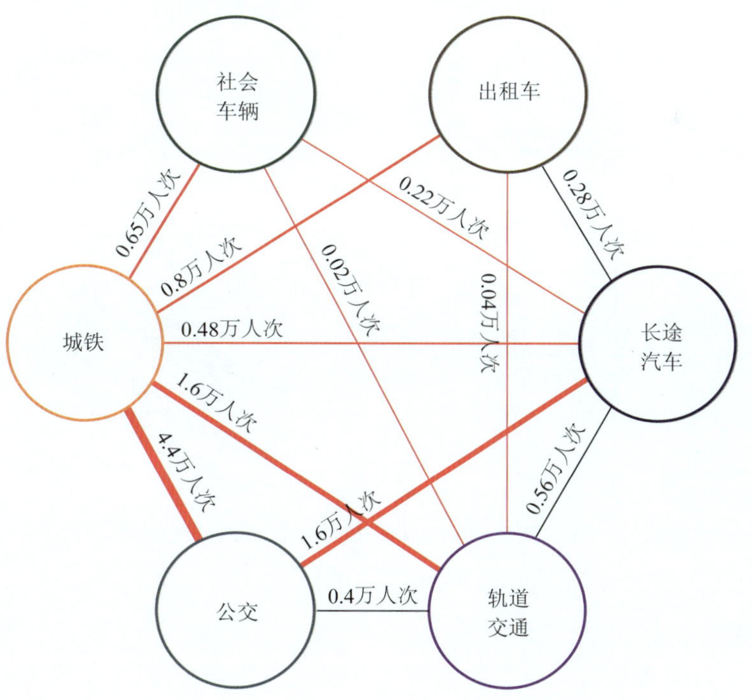

图3-13 常州铁路站综合客运枢纽客流分布图

长途汽车客运站，占地3.2万m^2、停车位160辆；出租车，上下客区设20～22个车位，候车区设100个泊车位；公交场站，占地1.5万m^2，12条公交线路（2条BRT支线）。

2. 类型适应

（1）立体式布局

特大型枢纽应采取立体布局的形式，以满足交通换乘和城市开发带来的巨大客流需求，同时尽量减少枢纽本身占地，为城市功能留足发展空间。大型枢纽宜采取立体或组合布局的形式，集约利用空间资源，减少乘客换乘距离。中小型枢纽一般采取平面布局式。

以南京铁路南站综合客运枢纽为例

南京铁路南站为典型的立体式布局枢纽，具体如图3-14所示。铁路站台位于地面2层，地面3层为铁路站厅，地面层为长途、公交、出租车场，地下1、2层为地铁站。

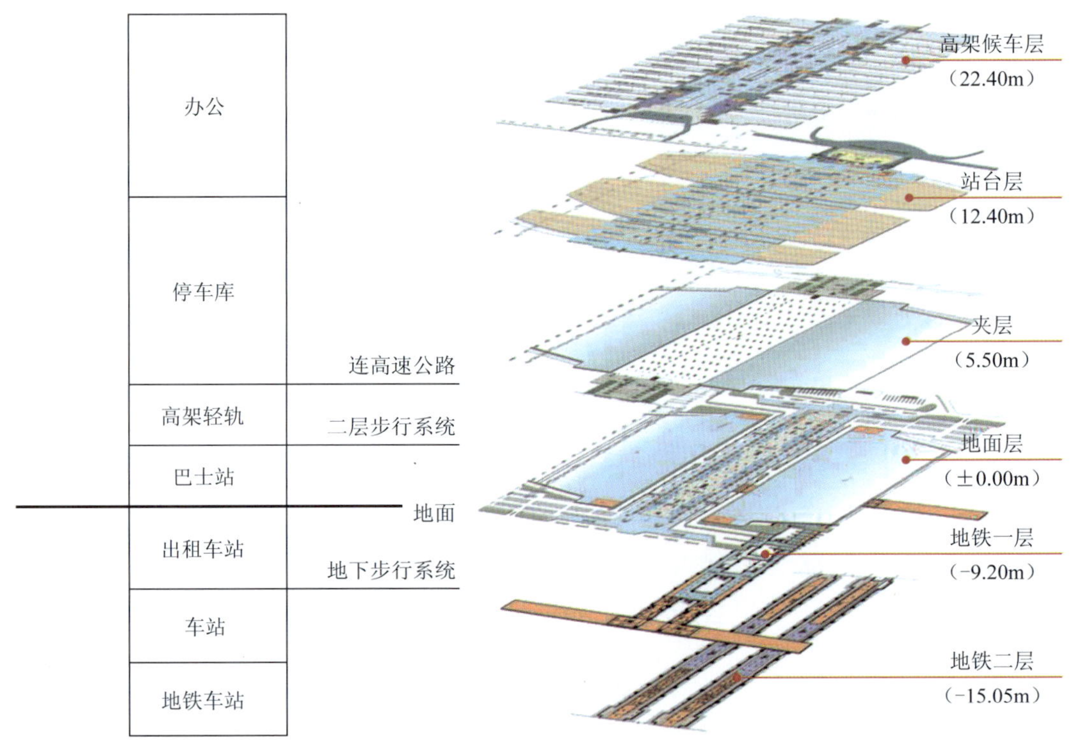

图3-14　南京铁路南站综合客运枢纽立体式布局示意图

（2）半立体式布局

半立体式布局模式是将部分交通设施布置在同一竖向空间内，进行垂直换乘。同时将另一部分交通方式的换乘分散到其他空间内进行，按照平面布局进行组织。优点是换乘距离较短，各交通设施衔接较紧密；集约利用土地，给人们提供比较宽松和可以停留的环境，管理、施工相对“平面式”容易。缺点是在换乘距离、时间以及交通设施衔接上较“立体式”欠缺，部分交通流线有绕行。

以苏州铁路站综合客运枢纽为例

苏州铁路站综合客运枢纽为典型半立体式布局，如图3-15所示。铁路站房立体设置，实现上进下出。站台位于地面层，枢纽广场立体设置，地面设置出租车下客区和公交车车场，地下设置地下车库和地铁。

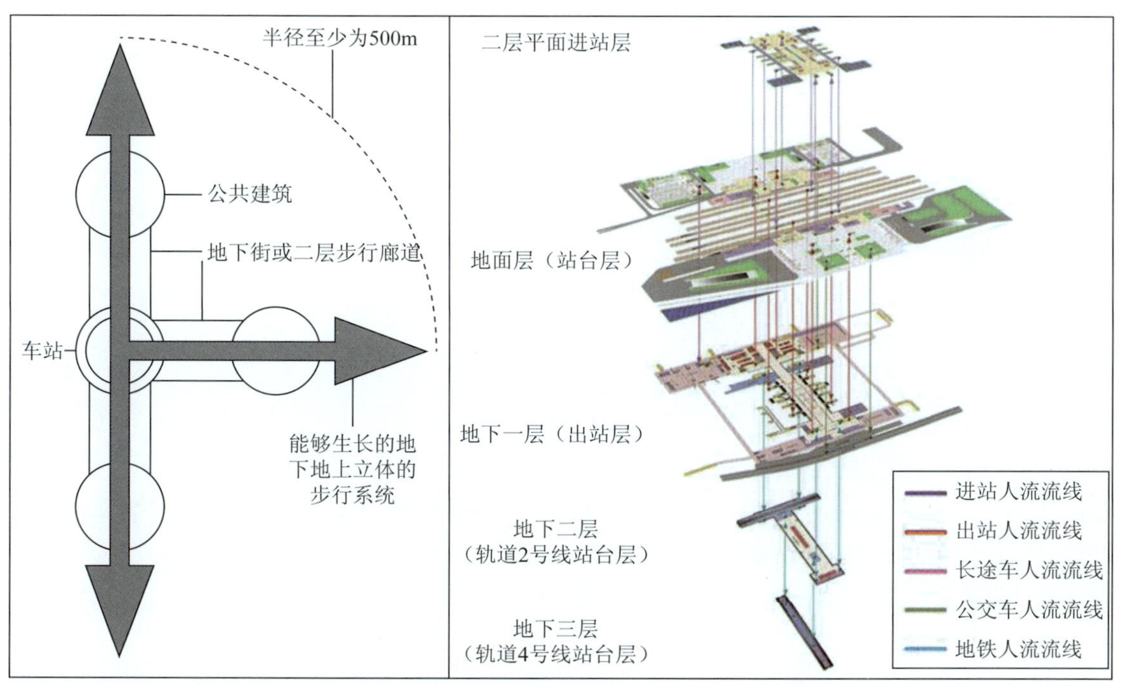

图3-15　苏州铁路站综合客运枢纽半立体式(组合式)布局示意图

(3)平面式布局

平面式布局是将主要功能空间大部分在平面上依次布置，形成平面布局结构。通常以集散广场作为各种交通要素分流的集散地，各种人流、车流都在同一标高平面上行动、转换。优点是区域划分明显，交通要素可识别性高，有利于功能布局和工程实施，方便运营、管理。缺点是占地面积大、功能分散、换乘距离和时间较大，各交通流线有相互干扰。

以溧阳铁路站综合客运枢纽为例

溧阳铁路站综合客运枢纽为典型平面式布局枢纽。铁路站房西侧设置社会车停车区，站房前方设置出租车下客区和景观广场，站房东侧设置公共汽车、长途汽车客运站。

立体布局模式是未来交通枢纽布局的发展趋势。通常以铁路站房或机场航站楼为核心，将各种交通设施的换乘集中到一幢综合建筑中，垂直组织交通。优点是换乘距离最短，各交通设施衔接紧密，运作连续，实现最佳经济效益；土地利用率高，有效促进城市商业建筑与交通枢纽的结合。缺点是工程难度较大，一次性造价高；管理难度大，各部门需要充分协调统筹。

3. 时序合理

规划中需要充分考虑各管理部门的要求和分期建设的要求，统一布局，远近结合，保证规划方案的顺利实施。

在规划中充分考虑实施的近、远期阶段性和连续性。一方面，进行科学的近期实施规划，并使近期的实施与远期的规划之间有科学合理的过渡和延伸，才能确保远期规划的实现。另一方面，近期的交通治理或工程建设，都应在远期规划指导下进行，脱离远期目标的建设往往是没有生命力的。

以常州铁路站综合客运枢纽为例

常州铁路站综合客运枢纽是一座集城铁配套站屋、长途汽车客运站、旅游巴士站、城市公交枢纽站、地下综合交通集疏通道及服务设施、地下机动车公共停车库、道路、绿化及其他配套设施于一体的现代化综合交通枢纽。规划城际铁路常州站2020年全日流量为58191人次；长途汽车客运站规划2020年日发送量为9561人次；北广场考虑10条公交线路的首末站用地，公交站设定车均上客人数为20人／车，高峰时段发车间隔3min，考虑远期引入BRT线路至北广场。

常州铁路站综合客运枢纽在建设时，对轨道交通场站采取了工程预留，避免了将来站前广场的二次开挖，减少对城际铁路运站日常运行的影响。

4. 环境协调

综合客运枢纽在满足自身各类设施功能、规模需求的基础上，需要充分考虑与周边地区的环境、景观协调。

以北京东直门综合客运枢纽为例

北京东直门综合客运枢纽位于北京市东城区东直门立交桥东北角，项目总占地面积15.44万m^2，其中建筑用地面积10.60万m^2，代征城市公共用地面积为4.84万m^2。枢纽地下包括机场快轨东直门站，地面层包括集散空间及拟建候机服务楼、公交场站以及沿街商业，地上建筑包括公寓、五星级酒店和双塔写字楼。总建筑面积59万m^2，其中枢纽工程建筑面积7.8万m^2。枢纽与周围景观十分协调。北京东直门综合客运枢纽规划效果图如图3-16所示。

图 3-16 北京东直门综合客运枢纽规划效果图

（二）交通组织要求

1. 各自独立，分块循环

为实现交通流的快速运转和干扰最少，枢纽内部各功能模块应尽量分块，各自运转循环，实现交通流的快进快出。

2. 大小分离，人车分流

由于占有道路时空资源较多的公交车、大客车与小汽车、出租车辆等小型车辆的运行特性不同，实现大小车的分离，避免交叉冲突，有利于枢纽交通流的连续性、均一性，提高效率；同理，人车分离，避免人车冲突。

3. 到发分离，进出独立

结合客运交通枢纽综合化、立体化的发展趋势，枢纽交通组织也从平面化走向立体化；进出交通流、到发客流的分离、立体化组织，有利于避免客流交叉混乱，人车混行。

4. 公交优先，以人为本

换乘公共交通的客流是枢纽集散客流的主体，为便于公交客流的集散，公交应享有优先权，实现公共交通客流的快速集散，减少乘客滞留时间，充分体现以人为本。

5. 流线连续，衔接顺畅

换乘客流、交通流的连续性是交通流有序组织、高效运行的关键；在进行枢纽各种交通流、客流的交通组织时,应确保各种流线的连续性,同时合理设置各种人车结合点以确保衔接顺畅。

(三)衔接换乘要求

在进行功能布局时,应统筹安排铁路站,汽车客运站,城市轨道、公交和出租等场站,并尽可能集中紧凑布置,尽量减少各功能分区间换乘距离。即使是特大型枢纽,其内部设施换乘距离也应该控制在500m以内。

以镇江铁路站综合客运枢纽为例

镇江铁路站综合客运枢纽是大型铁路主导型枢纽,枢纽内各种交通方式相互间的布局与换乘充分体现了综合客运枢纽"零距离换乘"的理念。具体见表3-2～表3-3。

镇江铁路站综合客运枢纽各交通方式衔接换乘距离(单位:m)　　表3-2

O \ D	城际高铁	长途客运	公交	出租车	社会车辆
城际高铁	—	227	100	132	105
长途客运	247	—	224	254	222
公交	154	172	—	350	285
出租车	12	225	179	—	212
社会车辆	348	239	151	236	—

镇江铁路站综合客运枢纽各交通方式衔接换乘时间(单位:min)　　表3-3

O \ D	城际高铁	长途客运	公交	出租车	社会车辆
城际高铁	—	4	1.5	2	1.5
长途客运	4	—	4	4	4
公交	2	3	—	6	5
出租车	0.5	4	3	—	3.5
社会车辆	6	4	2.5	4	—

1. 需求导向

按照以大容量公共交通换乘为主的规划理念,衔接方案应优先保证换乘量最大的运输方式做到换乘距离最短。靠近车站出入口的设施设置应该优先考虑大容量公共交通。

以香港国际机场综合客运枢纽为例

香港国际机场占地面积1225hm^2,有两条长达3800m的跑道,飞行区等级为4E级,有102个停机位,拥有面积达57万m^{2}的候机大楼,每天平均起降750架飞机,高峰小时起落53架飞机,可升降全球最大的商用飞机A380型空中巴士。香港国际机场的客运量达全球第五,货运量达全球第一,现已开通了到达140多个国内国际城市的航线,其中有飞往40个内地城市的定期航班。

香港国际机场集疏运系统设计充分贯彻公交优先的原则,优先考虑旅客换乘集约交通方式的便捷性,从而使轨道交通和常规公交成为旅客到达和离开机场的主导方式,大大提高了香港国际机场的旅客集疏运效率。香港国际机场综合客运枢纽集疏运系统平面图如图3-17所示。

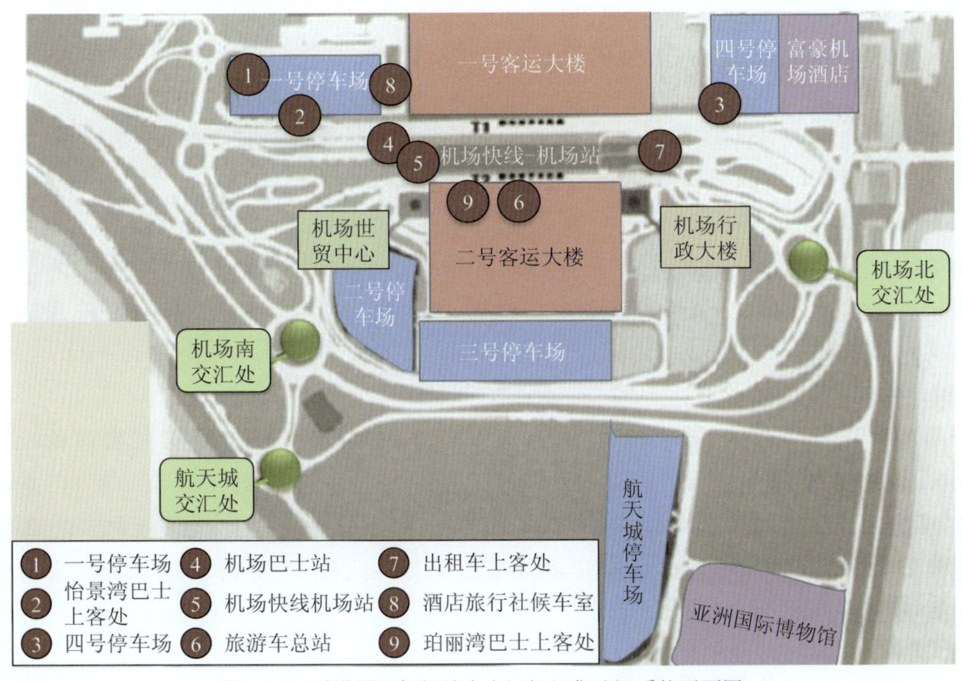

图3-17　香港国际机场综合客运枢纽集疏运系统平面图

(1)轨道交通

机场快线连接香港国际机场与市区,从而将香港国际机场整体融入城市轨道交通系统,减少了旅客对小汽车,尤其是出租车的需求量,减轻了地面道路交通压力,减少了汽车的污染物排放。

(2)高速公路

北大屿山公路是香港国际机场对外的唯一公路,也是香港车速限制最高的高速公路(110km/h)。

北大屿山公路和轨道交通是并线平行布置,形成连接机场和市区的复合通道。复合通道具有如下优点：

①复合通道降低了交通走廊中不同交通设施对土地的重复分隔影响，节约、集约地使用宝贵的土地资源，走廊通行能力大。

②复合通道使区域间不同方式交通流集中在一条走廊上，为乘客提供了多样化的出行选择，利于引导各种交通方式的合理竞争。

③通过高速复合通道的构建，能够有效促进产业布局优化调整，东涌站的新市镇正是依托机场，以及机场连接市区的复合通道而发展起来的。

（3）常规公交

香港国际机场设有完善的常规公共线路，通往香港大部分地区，为旅客提供既舒适方便又经济实惠的交通服务。机场常规公交的下客站位于客运大楼四层大厅外的高架交通平台上；常规公交的上客站位于地面一层，紧邻航站楼人流出口。

香港国际机场共43条公交线路：其中机场专线，即“A”线，11条；其他专线，即“E”线，13条；通宵线，即“N”线，12条；短驳线，即“S”线，6条；环线，即“R”线，1条。

香港国际机场常规公交线路多、发车班次密，同市区公交系统联系非常紧密，特别是与轨道交通车站高效衔接。在常规公交系统中，有8条线路通往城市轨道交通车站，其中6条线路通往九龙站，2条线路通往香港站。

（4）长途大巴和贵宾车

香港国际机场的长途大巴和贵宾车的上客位位于2号航站楼内的旅游车总站，有30多个发车位。大巴车和贵宾车只能在发车位短时上下客，长时停车需停在附近停车场内。长途大巴车的售票处在2号航站楼内，可见航站楼与长途汽车客运站完全融为一体。

（5）出租车

香港国际机场的出租车上下客位与常规公交站同层布置。出租车按指定行驶地区以颜色分类，市区红色出租车服务机场及全港各区，不包括东涌道及南大屿山的道路；新界绿色出租车服务新界及大屿山指定道路；大屿山蓝色出租车服务整个大屿山及机场。各类出租车均有专用的上客点，为避免出租车驶离机场与步行流线冲突，香港国际机场设有专供出租车通行隧道。

（6）高架交通平台

香港国际机场的航站楼高架交通平台是陆侧与空侧衔接的交通中心，是旅客上下车、进出航站楼的中转站。

①一层——离开层。

结合旅客出站流程，在机场航站楼前的地面一层车行通道两端分别布置常规公交和出租车的上客点。这些站点紧邻客运大厅，步行换乘方便，附近还设有通往内地的中短途轿车候客点。

②二层、三层——站台层。

结合旅客离机出站流程，一号客运大厅在高架交通平台的三层布置机场快线的旅客离开机场站台，二层布置旅客到达机场站台。旅客可由航站楼直接乘坐机场快线，无须上下奔波。旅客换乘机场快线十分便捷，到港旅客只走一层就可以从行李处理大厅到发车站台，而即将离港的旅客从到达站可直达登机手续办理区，所有这些都是通过横跨航站楼大厅的人行天桥连接的。

（7）停车场

二号、三号停车场与二号客运大楼相连，主要为接客车辆和管理层员工车辆停泊使用，约有1400个停车位。二号停车场提供短期停车位，三号停车场提供长期停车位。

香港国际机场的停车场有如下特点：

①停车位数量充足。

②满足了不同用户的使用需求，既有日常短期又有长期的停车泊位，既有员工又有接送旅客的停车泊位。

③自动化管理，使用方便，通过车位信息管理系统和泊位引导系统，不仅提高了停车位的使用效率，也为机场带来了经济收益。

④提供了长途大巴车、贵宾车接客前的临时停车位，即充当汽车客运站内大巴停车场。

2. 集约用地

特别是在大城市或者特大城市，建议采用集约化用地的衔接模式，合理利用交通资源，体现资源集约利用理念。

以北京四惠综合客运枢纽为例

北京四惠综合客运枢纽位于北京城区东部，总占地面积16.67万m^2，总建筑面积4.03万m^2。枢纽内与地铁1号线、八通线实现换乘；已有进站公交线路27条（首站19条，过境8条），长途线路76条，日均客流量29万人次，日均发车6093车次，目前是北京市最大的综合客运枢纽之一。其布局紧凑，衔接换乘便捷，充分体现了土地的集约和节约利用理念。北京四惠综合客运枢纽布局如图3-18所示。

图3-18　北京四惠综合客运枢纽布局示意图

3. 协调联运

充分尊重各种交通方式的换乘、衔接关系，重视各种交通工具的运输特性，交通流之间应该尽量避免交叉干扰，交通方式之间应该实现联运，协调管理。

以法国戴高乐机场综合客运枢纽为例

戴高乐机场与区域铁路 RER 系统以及高速铁路 TGV 系统相连，每小时可提供三或四班列车次前往巴黎市区。法国国有铁路公司提供从机场前往多处法国铁路站的列车服务，包括昂热（Angers）、阿维尼翁、波尔多、勒芒（Le Mans）、里尔（Lille）、里昂、马赛、蒙彼利埃、南特、尼姆、普瓦捷（Poitiers）、雷恩（Rennes）、图卢兹（Toulouse）、图尔、瓦朗斯（Valence）等。

1 号航站楼的 RER 车站实际上离航站楼很远，原先必须搭乘免费巴士才能到达。巴士连接着 1、2、3 号航站楼。现在一个 VAL（自动轻轨车辆）运输系统目前已经投入使用，连通 3 个主航站楼以及其间的停车场。法国戴高乐机场综合客运枢纽内部集疏运系统示意图如图 3-19 所示。

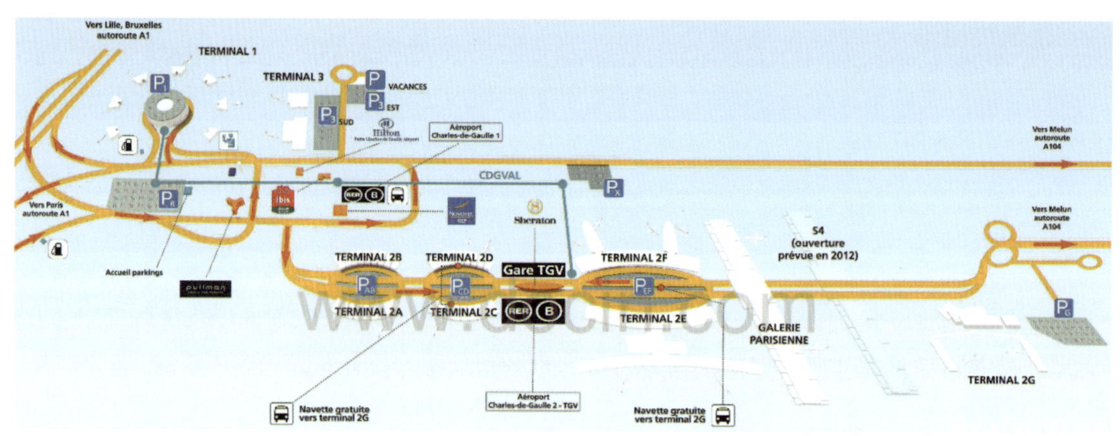

图 3-19 法国戴高乐机场综合客运枢纽内部集疏运系统示意图

注：2 号航站楼其实不是一个航站楼，而是指六个截然不同的大厅，这些大厅用 2A ～ 2F 分别命名。

五、枢纽项目总体规划成果内容

（一）枢纽项目总体规划文本

枢纽项目总体规划的规划成果是“××× 综合客运枢纽项目总体规划”（简称“规划文

本”)。规划文本主要包括规划条件分析、发展目标和功能定位、枢纽核心区交通规划、枢纽地区详细规划和实施计划等内容。配套图件主要包括枢纽项目总体空间布局示意图、枢纽内部客流交通组织图、枢纽对外和外部交通组织图等。规划文本主要内容框架可参照江苏省住房和城乡建设厅、省交通运输厅印发的《江苏省铁路综合客运枢纽规划编制要点》。

（二）枢纽项目总体规划成果编报

枢纽项目总体规划应该由地方城乡规划和交通运输主管部门共同组织编制，经审查后，报当地人民政府批准。

以江苏为例，江苏省铁路综合客运枢纽应依据省住房和城乡建设厅、省交通运输厅联合印发的《江苏省铁路综合客运枢纽规划编制要点》编制，其他类型的综合客运枢纽规划编制可参照进行。综合客运枢纽规划由各市（县）城乡规划和交通主管部门共同组织编制，经两厅联合审查后，报当地人民政府批准。对于特大型、大型综合客运枢纽，在开展枢纽综合规划的同时，应同期开展枢纽地区的用地、交通等专项规划的编制工作。

第四章 枢纽项目工程方案设计

枢纽项目工程方案设计是对枢纽项目总体规划中相关内容的细化和落实，主要包括民航机场、铁路站、汽车客运站及市政公共交通配套项目的工程可行性研究和初步设计相关内容。工程可行性研究和初步设计，都是投资决策的科学依据，也是工程项目实施的规范性文件。工程方案设计需要在总体规划方案指导下，加强各交通方式、各管理部门的衔接协调，进一步明晰枢纽项目衔接区域工程结构、管理界面，并注重枢纽项目换乘大厅、换乘通道、换乘楼梯等衔接设施和集疏运道路的设计。

一、工作要点

（一）工作特点

尽管已经有了前期的枢纽项目总体规划，但将规划方案落实在工程方案设计上，仍是一个非常艰难的过程。

一方面因为综合客运枢纽的复杂性、综合性，使得规划阶段很难将所有工程问题考虑充分，有些问题往往在工程方案设计阶段才暴露出来。

另一方面，方案设计阶段是各分项工程主管部门、投资主体、建设单位、设计单位真正全面介入的阶段，由于不同的利益诉求，也必然是各种问题全面暴露的阶段，对相互之间衔接协调的要求更高。

（二）技术难点

1. 枢纽客流换乘空间的处理

综合客运枢纽的客运组织具有流量大、集中度高的特征，在特大、大型枢纽客流换乘空间处理方面，民航和铁路设计部门一般都采用“上进下出”的进出站客流组织模式，对于航空、铁路与城市交通接驳设施之间的换乘通道层和城市交通接驳设施内部的换乘交通层，尽可能使两者在空间上实施分离，以实现铁路进出站客流相分离、铁路换乘客流与城市内部换乘客流相分离。

2. 枢纽站房与城市空间关系的处理

综合客运枢纽是综合交通网络的节点，也是城市的门户，因此无论是行业主管部门还是地方政府，均将综合客运枢纽作为一个完整的建筑体进行设计，并强调其标志性的形象。

综合客运枢纽设计的重点主要集中在城市道路与站房建筑的关系上，城市道路既是枢纽客流集散条件之一，也是城市道路网络的组成部分。如果处理不好，城市道路会对枢纽站房立面和广场带来影响，或者造成片区城市道路网交通组织不畅。

3. 枢纽站房与配套工程结构及管理界面关系的处理

就综合客运枢纽工程的实施而言，枢纽主体站房与城市配套工程设施之间理想的方案是形体结合而结构分开。不仅工程界面清晰，有利于缩短工期、降低协调难度，也利于后续管理界面的划分。

以上海虹桥综合客运枢纽为例

上海虹桥综合客运枢纽中主体站房与城市配套工程是典型的形体结合而结构分开的案例，如图 4-1 ～图 4-2 所示。

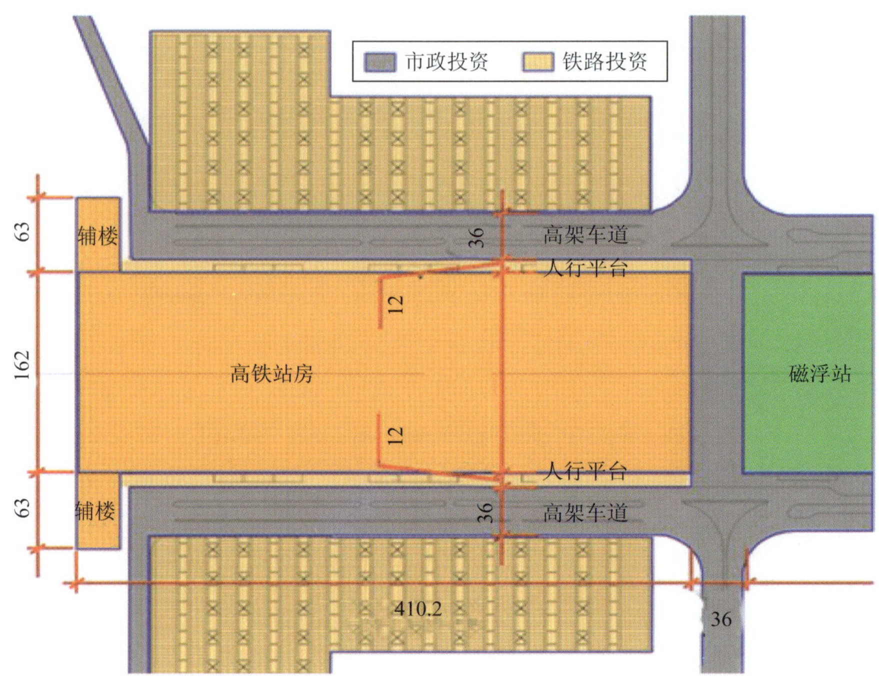

图 4-1 上海虹桥综合客运枢纽高架层投资及设计界面划分平面图

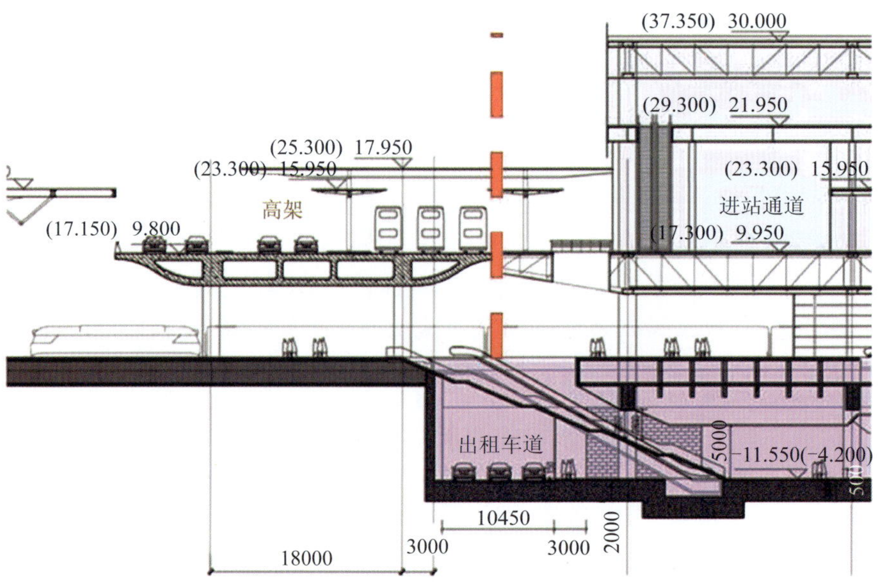

图 4-2 上海虹桥综合客运枢纽高架层投资及设计界面划分立面图

高铁站房区域，高架站房由铁路部门负责投资与设计（图 4-1 中橙色部分）；南北两侧的高架匝道由市政部门负责投资与设计（图 4-1 中灰色部分）。站房和市政配套高架匝道，从形体上完全组合，但结构完全分开，既便于投资拆分，也方便设计界面划分。

（三）工作方法

1. 建立完善协调组织机构

枢纽项目工程方案设计需要形成由地方政府与行业主管部门、设计单位、建设及管理主体等组成的协调组织机构。

以深圳新客站综合客运枢纽为例

深圳新客站综合客运枢纽设计中，铁路部门以铁道部计划司、铁道部鉴定中心等部门为行政决策部门，广深港客运专线有限责任公司为建设单位，铁道第四勘察设计院集团有限公司及深圳大学建筑设计研究院联合体为设计单位，组成协调组织机构。

深圳市以轨道交通建设指挥部，统筹指挥市规划局、发改局、建设局等部门，履行行政决策，市地铁公司为枢纽配套工程的建设单位，北京城建设计研究总院为设计总承包单位。

2. 坚持以规划为指导，强化总体设计

在枢纽项目工程方案设计阶段需要重点强化总体设计，一是需要严格按照枢纽项目总体规划的结论开展细化设计，二是需要在分项设计中注重各个横向专业的关键性指标对接，如各交通方式主体建筑的横向边界和纵向标高，衔接通道宽度、标高等，以利于分专业工程方案设计的衔接。

二、设计要点

在工程方案设计中，我们重点介绍主导交通设施（铁路站、民航机场）的工可和初步设计要点，对于配套交通设施（汽车客运站、城市轨道交通站、城市公交站、集疏运道路、衔接换乘设施等），重点介绍其与主导交通设施的衔接。

（一）铁路站

铁路站的工程方案设计应贯彻“以人为本、服务运输、强本简末、系统优化、着眼发展”的建设理念，遵循《铁路旅客车站建筑设计规范》（GB 50226—2007）、《铁路车站及枢纽设计规范》（GB 50091—2006）、《民用建筑设计通则》（GB 50352—2005）、《无障碍设计规范》（GB 50763—2012）等相关规范和标准，进行铁路站模式选择、铁路场站和站房工程方案设计。

在进行铁路主导型综合客运枢纽设计时，应分析主要客流流向，结合线路、站场工程情况和周边用地，确定站房模式，设计客流流线，布置铁路站主要站房。需要特别注意铁路站房与换乘功能空间的衔接设计，如：落客平台的宽度和形式，换乘通道的宽度和长度，换乘大厅或广场的形式和大小，换乘扶梯的数量和朝向等，灵活应用“上进下出”“下进下出”“平进平出”等模式。

（二）民航机场

民航机场的可行性研究和初步设计需符合国家和行业现行的有关技术标准及规范，以及符合相关技术文件要求[《民用机场建设管理规定》《民用机场总体规划编制内容及深度要求》（AP—129—CA—01—R1）、《民用机场工程初步设计文件编制内容及深度要求》（MH 5016—2001）、《民用机场工程项目建设标准》（建标 105—2008）]。

在进行航空主导型综合客运枢纽设计时，需要注意航空交通功能设施（飞行空间、跑道、滑行道、停机坪等）与航站楼、换乘配套等设施的有机结合，做到既能彼此衔接彼此联系，又有利于各功能空间的单独使用，避免相互干扰。

（三）汽车客运站

综合客运枢纽中汽车客运站工程方案设计，应把握客流“快速、便捷、顺畅”的总体原则，符合现行标准[《汽车客运站建设规范》（DB32/T 1228—2008）、《汽车客运站级别划分和建设要求》（JT/T 200—2004）、《民用建筑设计通则》（GB 50352—2005）、《城市道路公共交通站、场、厂工程设计规范》（CJJ/T 15—2011）等]的规定。

综合客运枢纽的汽车客运站工程方案设计应按照枢纽项目总体规划的总体方案，进行方案设置形式和内部功能布局。

汽车客运站宜作为整体进行设置。当用地受限时可采取分设式布局，将到发、等候、进站、售票等主要服务功能设置在距铁路站房较近处，以减少换乘距离，并保证换乘通道的容量和安全舒适。当铁路站房采取高架候车时，如存在建设空间，汽车客运站可与铁路站房置于同一体内，但要保障车辆进出通道、回转空间以及尾气排放等。

1. 独立式

将整个汽车客运站作为一个独立整体布设在枢纽体核心区内。中小型枢纽通常采用这种独立式布局；特大型、大型枢纽具备用地条件情况下，一般也采用独立布局的模式。

以武汉高铁站综合客运枢纽为例

武汉高铁站综合客运枢纽位于武汉市青山区杨春湖附近，是目前我国第一个上部大型建筑与下部桥梁共同作用的新型结构铁路站。铁路部门已把武汉"定格"为全国客货运枢纽中心，要把武汉建成我国铁路四大枢纽之一、六大客运中心之一、四大机车客车检修基地之一。

武汉高铁站综合客运枢纽总投资超过140亿元，主要包括武汉铁路站站房、场站，轨道交通4、5号线地铁车站，配套道路、环境改造等工程。其中，武汉站总建筑面积35.5万m^2，投资超过40亿元。设客运专线、普速两个车场，共有正线和到发线20条，站台11座。根据2030年的设计，高峰小时旅客发送量为9300人次。

铁路站附近的客运换乘中心，是直接为铁路站配套的项目，由一级长途汽车客运站和公共汽车枢纽站组成，占地10.59万m^2。其中，长途汽车客运站6.73万m^2，公共汽车枢纽站3.86万m^2。换乘中心设计能力为日发送旅客3万人次。

2. 分设式

由于汽车客运站占地面积较大，特别是停车保养区在总占地中比重也较大，当用地受限时可采取分开设置的形式，将主要服务人车到发功能和等候、进站、售票等主体功能设置在距离主导方式站房较近处，将停车、保养以及办公、驾驶员公寓放置于距离站房较远处，这种形式通常适用于立体式广场布局，以及位于城市中心用地紧张的大型综合客运枢纽。

以广州铁路南站综合客运枢纽为例

广州铁路南站综合客运枢纽中的汽车客运南站是《广州公路主枢纽总体布局调整规划》中的主枢纽客运站之一，也是作为广佛交通设施同城化标志之一的广佛组合公路主枢纽场站。主要为进出广州铁路南站的旅客提供综合"零换乘"服务及承担广佛经济圈城镇体系的公路客运服务，将是广州市乃至广东省首个实现了高铁、地铁、公交、公路客运无缝接驳的主枢纽客运场站。根据铁路部门建设规划，2020年广州铁路南站旅客日发送量为35万人次。考虑到广州地区和佛山地区的客流量，广州汽车客运南站的设计目标为日发送量8.6万人次。

由于铁路站房前方便于换乘区域用地有限，无法设置大型车辆停车区，因此，广州铁路南站将汽车客运站分为两块，分别位于东广场的南北两侧，停车区即待发车场位于铁路北侧站台下方，具体如图4-3所示。

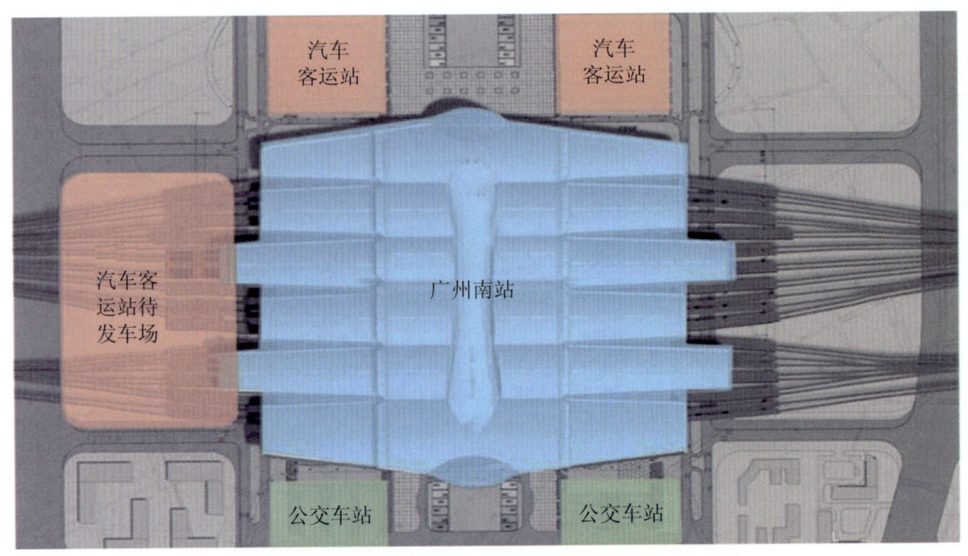

图4-3 广州铁路南站综合客运枢纽汽车站布局示意图

在进行换乘设计时，汽车客运站设置在主交通方式枢纽的外围，距离主交通方式枢纽有一定的距离的，应设有相应的换乘设施，乘客可便捷利用人行横道、天桥、地下通道等设施换乘；汽车客运站设于主交通方式枢纽广场内，以平行或垂直的方式进行车流组织，应尽量靠近主交通方式枢纽出入口，乘客利用集散广场进行换乘；汽车客运站与主交通方式枢纽采用立体式换乘，在靠近主交通方式枢纽出入口的高架（地下）上（落）客区直接换乘，专门设置车辆上下进出匝道。

（四）城市轨道交通站

对于城市轨道交通，应根据工程条件、线路走向、建设时序等因素进行轨道交通站点工程方案设计，其核心内容在于确定与其他方式的衔接形式（广场联系、站厅联系、站台联系或联合设站式）。

（1）广场联系式。在集散广场地下单独修建轨道交通车站，站厅通道的出入口直接设置在集散广场，再通过集散广场与站房衔接。这是目前国内最普遍的一种做法。

（2）站厅联系式。轨道交通车站的出口通道直接通到枢纽的站厅层，乘客出站后就能进入客运站的候车室或售票室。

（3）站台联系式。由轨道车站的站厅层直接引出通道至铁路客运站的站台下，并通过楼梯或自动扶梯与各月台相连，乘客可以通过此通道在轨道交通与铁路客运之间直接换乘，只是换乘距离较长。

（4）联合设站式。这种模式根据两者站台的设置方式又可分为两种情形：一种情形是两者的站台平行的设置在同一平面内，再通过设置在另一层的共用站厅或者连接两者站台的通道进行换乘，上海地铁1号线与轻轨莘闵线上的莘庄站、铁路客运莘庄站（规划中）的衔接采用这种情形；另一种情形是轨道车站直接修建在铁路客运站的站台或站房下，乘客通过轨道车站的站厅就能在两者之间换乘，北京西客站与轨道车站的衔接便是采用这种情形。联合设站的最佳衔接方式是实现两种客运方式同站台换乘，但需在管理体制、票制等方面做出很大的改进。

当轨道交通站点涉及多条线路时，需根据一次性实施或分期实施的思路，来进行轨道交通站点设计。通常，一次性实施可以采用并列式、行列式、十字形和混合型换乘形式；分期实施可以采用T形、L形、H形设计形式。

以苏州铁路站综合客运枢纽为例

苏州轨道2号线、4号线在苏州铁路站综合客运枢纽北广场地下设置城市轨道交通站点，两线呈"T"形换乘，便于轨道和铁路的便捷换乘。铁路出站层直接与地铁进站层相连，缩短换乘距离。采用侧式站台换岛式站台，两条地铁线路之间可不单独设站厅转换层，缩短换乘距离。如图4-4所示。

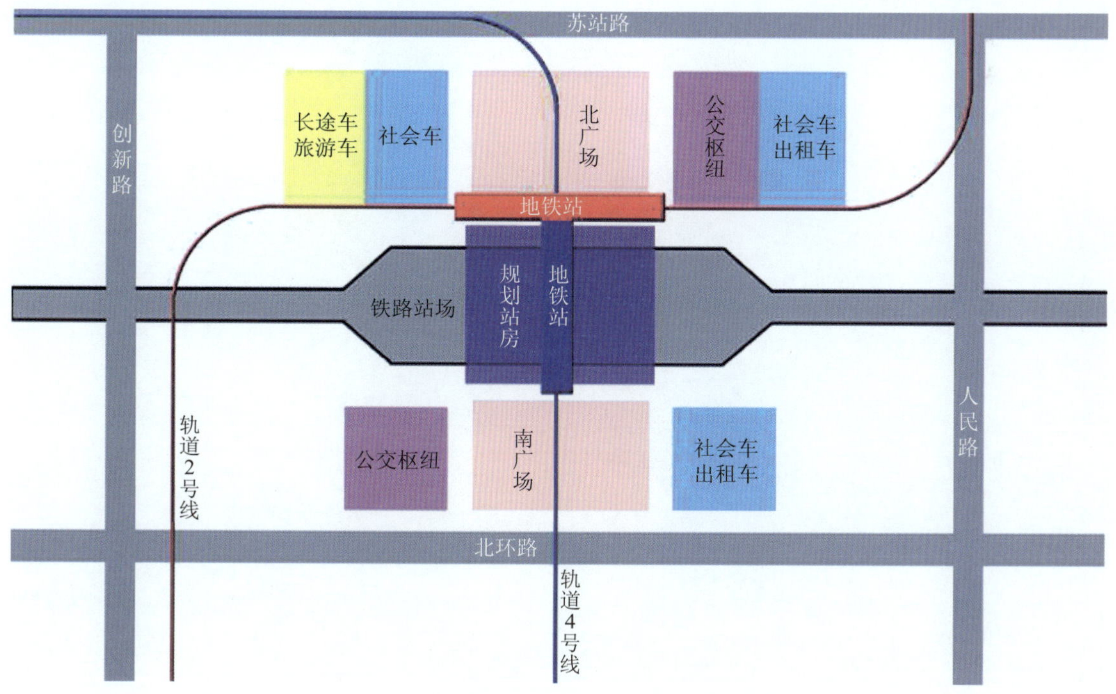

图4-4　苏州铁路站综合客运枢纽地铁站示意图

（五）城市道路公共交通设施等

城市道路公共交通设施主要包括普通公交、出租车、社会车辆的相关配套停车和上下客设施，其工程方案设计应在枢纽项目总体规划的总体方案基础上，进行设置位置、设置形式和面积规模设计。

1. 设置位置

通常在综合客运枢纽规划设计时，公交站点等市政交通设施设置位置有三种情况：

（1）设于主站房之外，并且位于集散广场外围。公交车站、出租社会车车场设置在站房的外围，距离枢纽核心区有一定的距离。这种方式一般适用于没有足够用地来设置市政交通设施的枢纽。

以苏州铁路站综合客运枢纽为例

苏州铁路站综合客运枢纽市政配套设施主要位于铁路站房南北两侧的广场，其中北广场包括长途换乘站、公交首末站和出租车社会车下客区，南广场包括社会车停车场、出租车社会车下客区、公交首末站和自行车停车场。如图 4-5 所示。

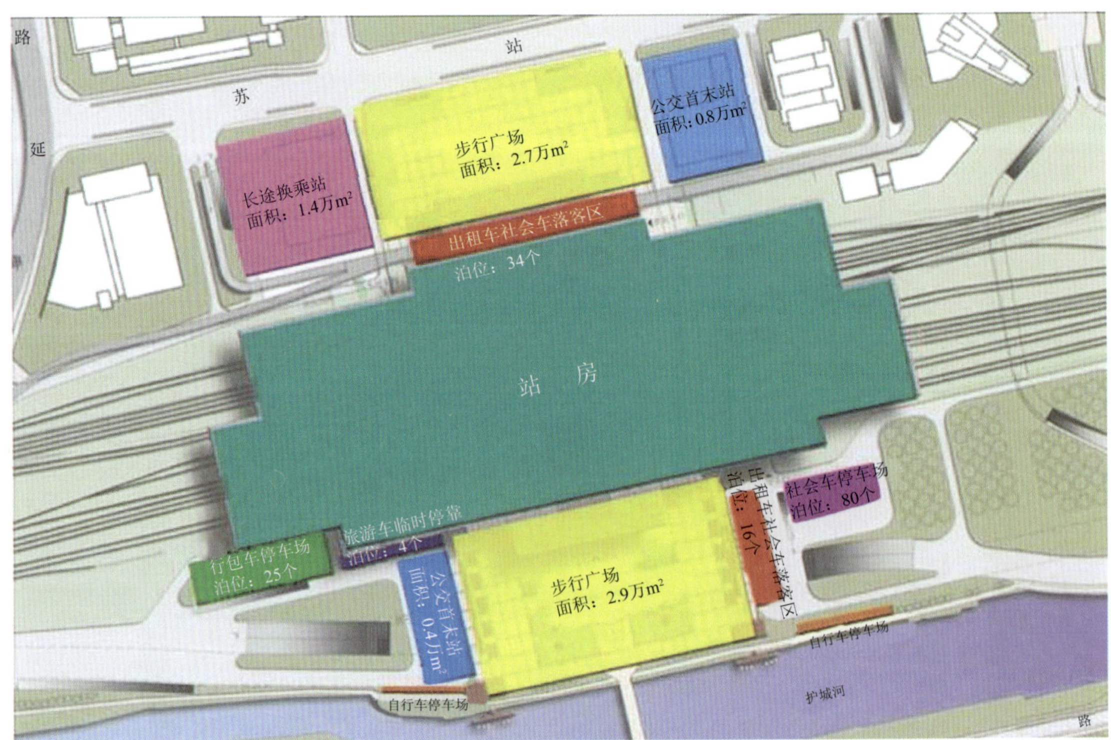

图 4-5 苏州铁路站综合客运枢纽市政配套设施布局图

（2）设于主交通方式枢纽站房之外，并且位于集散广场内部。这是现在平面式布局枢纽的一般做法，将集散客流全部集中到广场上来进行换乘，以平行或垂直的方式进行车流组织。这种方式要求有较大的广场区域，并且对广场内部布局进行全面的优化。

以镇江铁路站综合客运枢纽为例

镇江铁路站综合客运枢纽的铁路站房外侧为市政广场，广场中设有公交场站，承担公交班线的到发和停放功能。如图 4-6 所示。

图 4-6　镇江铁路站综合客运枢纽公共交通场站效果图

（3）与主交通方式枢纽站房设于同一建筑体内。与主交通方式站房采用立体式换乘，在靠近站房出入口的区域直接换乘。

立体式枢纽宜将市政交通设施与枢纽站房一起设置于枢纽建筑体内，与站房立体式换乘；平面式或组合式枢纽宜将市政交通设施设于站房之外，并位于枢纽地区内部，以平行或垂直方式进行车流组织。

以镇江高铁站综合客运枢纽为例

镇江高铁综合客运枢纽的高铁站台层设在二层，地面层为交通广场，设有高铁站厅社会车停车场、长途汽车客运站和公交场站，乘坐公交的乘客可以在下车后直接进入高铁车站站厅，具体如图 4-7 所示。

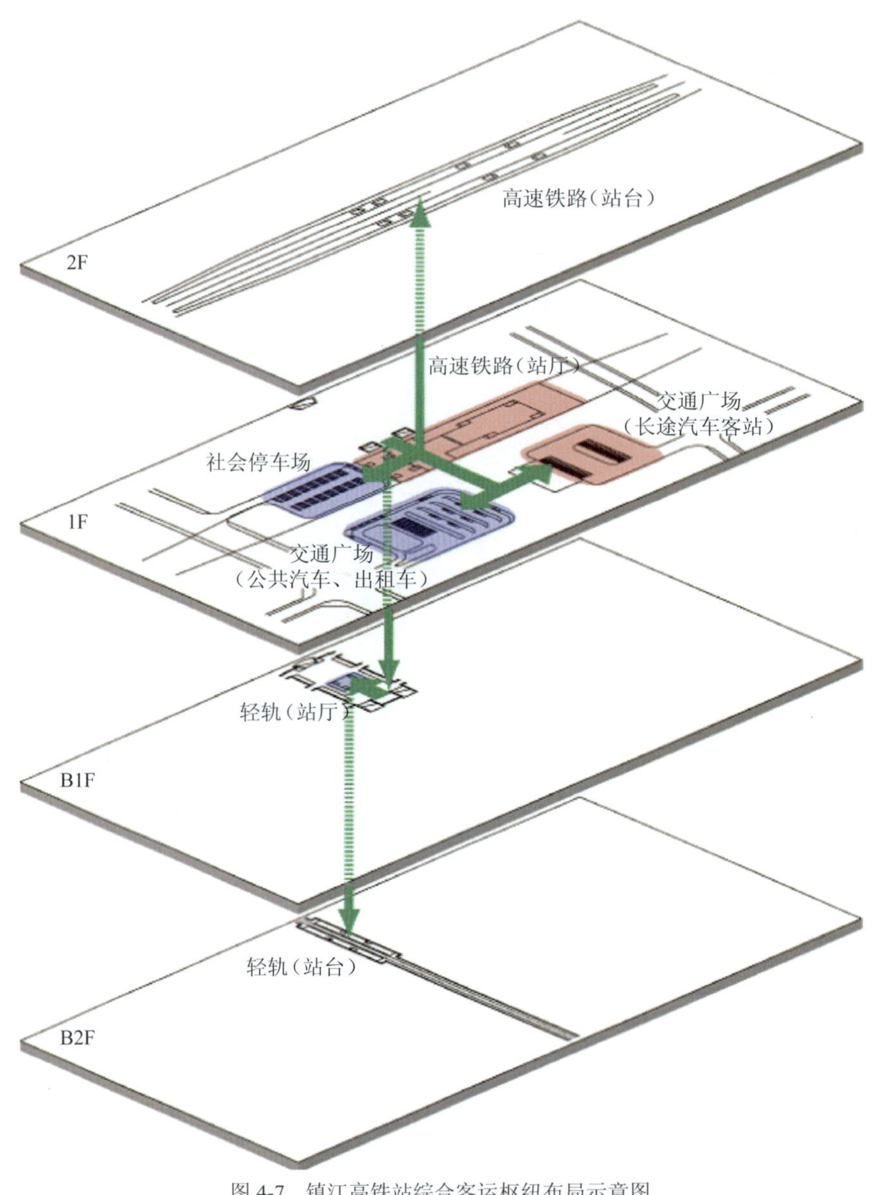

图 4-7 镇江高铁站综合客运枢纽布局示意图

2. 设置形式

目前,根据到达场(下客区)、出发场(或停车区)的不同设置,市政交通设施设计形式一般分为分设式、合设式和港湾式三种方式。

(1)分设式是将到达场(下客区)设置在临近主交通方式枢纽入口的位置,将发车场(或停车区、蓄车区)设在临近主交通方式枢纽出口的位置(或地下),这种方式通常适用于大型、特大型综合客运枢纽。

以合肥铁路南站综合客运枢纽为例

合肥铁路南站综合客运枢纽位于合肥城南，沪汉蓉和京福客专相交处，是集高速铁路、城际铁路、城轨交通、公路客运、快速公交、出租、社会车辆、慢行交通各种交通方式为一体的大型综合交通枢纽。

枢纽的出租车布置是典型的分设式：出租车下客区位于铁路站房南北平台上，出租车上客区位于出站厅东侧出租车蓄车区附近。如图 4-8 所示。

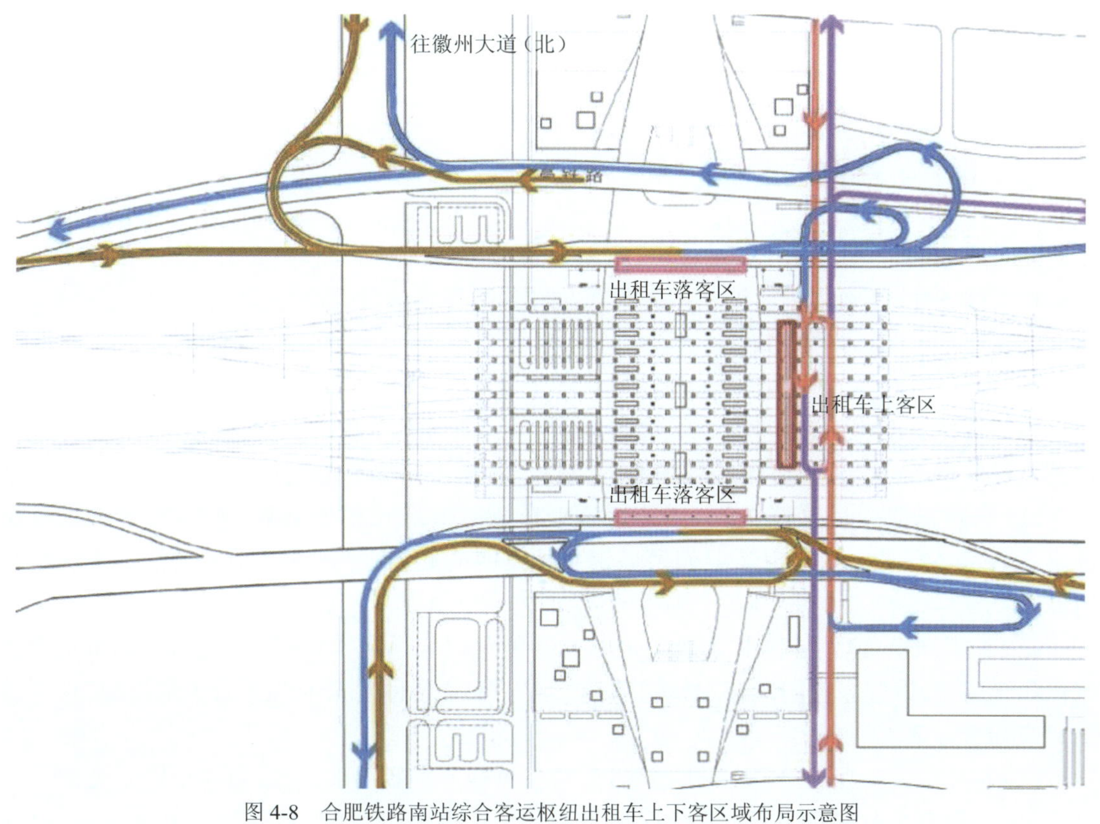

图 4-8　合肥铁路南站综合客运枢纽出租车上下客区域布局示意图

(2)合设式主要考虑到进站旅客相对分散，而出站客流却非常集中。一般将到发场设置在出站口附近，这种方式多用于客流较小的中型枢纽。

(3)港湾式没有专用到发场，只是在广场区域边缘设置挖入式港湾车站，进行公交、出租或社会车辆的上下客。这种方式多用于小型枢纽或位于城市用地特别紧张地方的综合客运枢纽。

特大型、大型枢纽宜采取分设式，将到达场（下客区）设置在临近主交通方式枢纽入口的位置，将发车场（或停车区、蓄车区）设在临近主交通方式枢纽出口的位置（或地下）；中型枢纽宜采取合设式，将到发场设置在主方式枢纽出口附近；小型枢纽或位于城市用地紧张处的城际铁路枢纽站宜采取港湾式，不设置专用到发场，只是在枢纽地区边缘设置挖入式港湾车站，供公交、出租或社会车辆的上下客。

3. 面积规模

车场面积规模主要依据实际使用时车位规模计算所得。一般来说，对于分设式车场，需要分别计算下客车位数和上客车位数（或停车车位数）；对于合设式车场和港湾式车场，只需取下客车位数和上客车位数的高值，但需符合实际设计条件。

到达车位数的计算可以根据高峰到达车次和单车下客时间计算；发车车位数的计算可以根据高峰发车车次和单车上客时间计算；停车车位数可以根据车辆周转水平和平均等候时间计算。

（六）对外集疏运道路

在对外集疏运道路的方案设计中，需要分析客流规模和流向，结合外围路网、交通组织方案和工程条件，明确集疏运道路接入形式、断面、线路走向等。

1. 设计原则

根据具体的工程建设条件、枢纽周边用地条件、横向需求联系密度、枢纽周边景观要求，以及工程规模、造价等因素，集疏运道路的总体设计需遵循如下原则：

（1）符合枢纽项目总体规划、周边地区城市规划和城市的整体路网规划，在满足枢纽进出交通总体需求的同时也需要满足城市整体路网的要求，并在满足功能的前提下注重实用性。

（2）工程规模、建设标准与集疏运道路的功能定位相适应，具备条件的路段尽量实施快速化和专用化，设置完善的主路和辅道系统。对于工程条件复杂或高差较大的枢纽，可考虑高架或隧道方案。

（3）充分注重景观效果，重视环境保护，对于景观要求较高的段落，可考虑隧道方案。

（4）工程方案布置应当结合沿线区域规划和相关市政规划，做到少占地、少拆迁、减少对现有重要地下管线影响的原则。

（5）工程方案应便于快速施工，减少对现状交通的影响。突出解决主要节点和沿线地区车辆出行的问题。

（6）灵活采用整体式拼宽和分离式高架等断面形式，同时考虑老路的充分利用。

（7）兼顾现状和发展，采用分期实施的方案。

2. 设置形式

对外集散道路，其设置形式包括尽端式、路侧式和双广场式集疏运布局三种。

（1）尽端式集疏运布局是指枢纽仅通过一条集散道路完成车辆集散。通常尽端式布局的集散道路尽头或集散广场前方需要设置大型环岛，方便车辆落客和掉头。小型铁路枢纽和大部分机场枢纽的集散道路由于地处偏远，有可能采取非垂直角度接入集散广场。

（2）路侧式集疏运布局是指集散道路位于综合客运枢纽一侧，一般是由于道路和铁路或跑道平行布设而形成。对于小型综合客运枢纽，可以通过集散道路直接接入集散广场前方，车辆在广场的前部行驶、停靠、上下乘客，实现车流和客流的转化，这类集散道路的设计需要重点关注集散广场路段，公交站台、出租车和社会车的落客区设计。对于大型综合客运枢纽，需要将集散道路上的过境交通与进出枢纽的交通分离，并且尽量做到进出站客流与枢纽的直接联系，因此通常采用立体方式分流过境交通（采用隧道或高架道路）和旅客高架进出站房形式组织交通。

以南京铁路站综合客运枢纽为例

南京铁路站综合客运枢纽为典型路侧式集疏运布局。正前方龙蟠路红线宽度约 60m，双向八车道，是主城北部地区重要的东西向机动车交通通道，汇集了大量的通过性机动车交通。为快速疏散过境交通，将原有单向隧道扩建为双向隧道。隧道方案虽然较高架方案投资有所增加，但能够实现站前广场与玄武湖直接相连，不致对玄武湖及站前广场的环境产生影响。如图 4-9 所示。

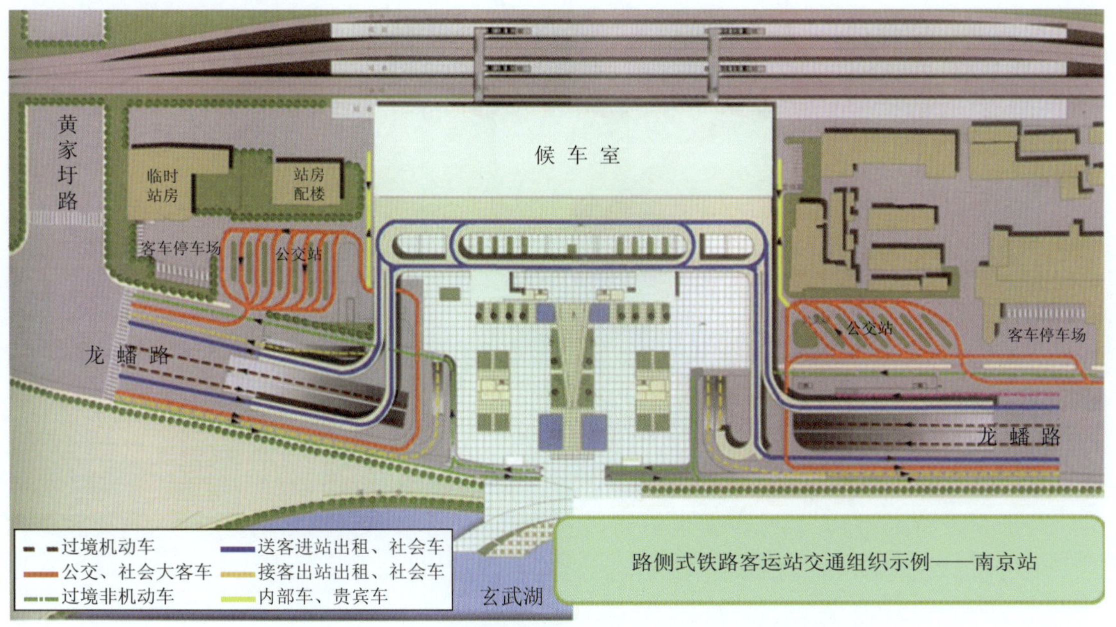

图 4-9　南京铁路站综合客运枢纽路侧式集疏运布局示意图

（3）双广场式集疏运布局是指集散道路位于枢纽两侧，并且主要集散道路都平行于铁路设置。这样的枢纽一般位于干道网格内，多侧临路，交通疏散比较方便。

以北京铁路南站综合客运枢纽为例

北京铁路南站不仅是京津城际的始发站，也是京沪高铁的始发车站，同时保留少量京山线普通客运列车的运营。北京铁路南站总占地面积 32 万 m^2，是国内第一条时速 300km 客运专线——京津城际铁路的始发站，集高铁、地铁、市郊铁路、公交、出租等各种交通方式于一体。

北京铁路南站枢纽被南二环、南三环、马家堡东路、马家堡西路构成的方格状路网包围，如图 4-10 所示。车辆分层单向行驶，进出站旅客严格分流，不同交通方式有不同的进出站通道，北京铁路南站枢纽全新的客流组织模式能有效避免站内外车流人流交织，旅客进站候车的环境明显改善。如果周边道路配套设施能跟进完善，北京铁路南站枢纽还将彻底改变大型铁路站客流高峰期成为市区交通拥堵源头的现状。

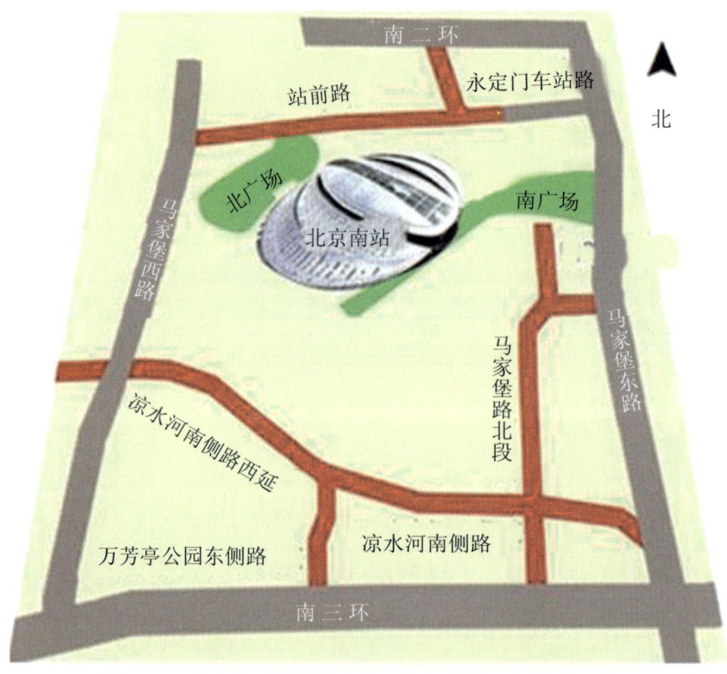

图 4-10　北京铁路南站综合客运枢纽周边干线路网示意网

对于新建特大型、大型综合客运枢纽，通常采用九宫格形路网结构，并辅以高架匝道和地下车道，将集散道路中与枢纽相关的车流直接引入枢纽相关区域。

以南京铁路南站综合客运枢纽为例

南京铁路南站是京沪高速铁路的五大始发站之一，位于南京市南部，主城区和江宁开发区、东山新区之间，由宁溧路、机场高速、绕城公路、秦淮新河等围合的区域，距南京市市中心约 10.5km，车站客运用房面积约 6 万 m^2，是南京市最为重要的综合客运枢纽，也是南京都市圈重要的交通枢纽之一。

为了很好地解决枢纽的集疏运问题，城市轨道交通被引入铁路场站下部，公交设施临近站房南北主入口布置，小汽车则由外围城市快速路系统直接接引，以及南北两侧斜坡广场的设计，充分体现"公共交通优先""人车分离"的设计思路。站前路、站北路和穿越场站的内部道路采用单向循环形式，合理分流、避免交叉，提高了交通组织效率，有效沟通了南北广场。如图 4-11 所示。

图 4-11　南京铁路南站综合客运枢纽集疏运道路布局示意图

南站综合交通枢纽核心区规划路网为方格网状布局，其中骨干路网为"二横二纵"的井字形高快速路网、"三主六次"的高密度主次干道路网结构。

在其设计中需要把握以下几点原则：便于过境交通、枢纽到发交通、城市地区开发产生的交通三者分流；利于枢纽核心区、线路及绿化用地、城市发展区的划分；利于与城市各个方向的交通衔接等。

特大型、大型枢纽应采用双广场接入式集散道路布局，将集散道路置于枢纽两侧，并且主要外围道路平行设置于铁路或跑道。

中小型枢纽，当位于城市外围时，宜采用尽端接入式集散道路布局，设置一条集散道路完成车辆集散。

除特大型以外各种类型枢纽，当位于城市内部时，宜采用单侧接入式集散道路布局，将站前集散道路置于枢纽一侧，一般平行铁路或跑道布设。其中，小型综合客运枢纽可将集散道路直接接入枢纽前方；大型、中型综合客运枢纽应将集散道路上过境交通与集散交通进行分离，并尽量做到将集散客流与枢纽直接联系，通常采用立体式集散道路分流过境交通（采用隧道或高架道路）。

（七）衔接换乘设施

1. 衔接换乘设施分类及设计要求

综合客运枢纽内主交通方式站房、汽车客运站、轨道交通站点、公交车站等站场设施是换乘的基础单元，相互间的衔接换乘设施主要由换乘广场、换乘大厅、换乘通道、换乘楼梯等组成，使旅客换乘出行流线方便、短捷、高效，满足枢纽交通功能要求。

（1）换乘广场，是实现旅客换乘、集散功能的建筑外交通功能空间，主要适用于各个功能分区相对独立、分散布置的枢纽。换乘广场面积规模可根据旅客最高聚集人数来确定，并通过合理布置避免流线交叉，便捷换乘、迅速集散。

（2）换乘大厅，是为乘客提供综合换乘服务的平面式空间，可以实现各种交通方式之间的便利换乘，且兼具人流集散、购票检票以及商业等功能，可以实现多方向的交通组织功能。换乘大厅的设计需要充分考虑到未来的运营和管理，建立人流诱导体系，并且保证换乘旅客有足够的换乘空间和一定的容错能力。

（3）换乘通道，是连接不同交通功能空间的线性换乘设施，具有换乘流线布置灵活、导向性强、易于实施等特点。换乘通道适用于距离较远的各个功能分区之间的换乘组织，通常分为地下通道、地面通道和天桥连廊等形式。在换乘通道布设时，需要依据客流规模、换乘距离、空间条件等因素进行设计，重点处理好换乘通道宽度、双向客流划分以及导向标识等设计内容。

（4）换乘楼梯，是实现不同高度功能层之间垂直联系的换乘设施。换乘楼梯通常分为普通楼梯、自动扶梯和电梯等形式。在进行换乘楼梯设计时，需要依据客流规模、空间条件等因素进行布设，明确位置、运行方向、基本形式、楼梯宽度等。

2. 汽车客运站衔接换乘设施设计要求

汽车客运站（或上下客区）一般设置在主交通方式枢纽站的周边，距离主交通方式枢纽站稍有一定的距离，并设有相应的换乘设施，乘客可便捷利用人行横道、天桥、地下通道等换乘设施。

汽车客运站（或上下客区）设于主交通方式枢纽广场内，以平行或垂直的方式进行车流组织，应尽量靠近主交通方式枢纽出入口，乘客利用集散广场进行换乘。

汽车客运站（常规公交、出租车、社会车）与主交通方式枢纽采用立体式换乘，在靠近主交通方式枢纽出入口的高架(地下)上(落)客区直接换乘，专门设置车辆上下进出匝道。

3. 轨道交通站衔接换乘设施设计要求

轨道交通通常在枢纽体内的集散广场设站，轨道站厅的出入口布置在枢纽集散广场的边缘，通过集散广场与枢纽衔接，组织换乘，这种做法目前较为普遍。

轨道交通车站的出口通道直接设在枢纽的站厅层，轨道乘客出站后就可直接进入主交通方式枢纽站候车厅或者售票厅，多与垂直电梯或自动扶梯相衔接，换乘较为方便。

轨道交通与枢纽联合设站，对于乘客来说这是最好的换乘布局模式，这种模式一般只有铁路枢纽可以实现。通常有两种布局模式：一种是两交通方式的站台在同一平面，通过设置在不同平面上的共用站厅层或连接通道换乘；另一种是轨道交通车站直接修建在铁路客运站的站台或站房下，乘客通过轨道站厅就能直接换乘。

三、工程方案设计成果内容

工程方案设计对应枢纽及配套工程的工程可行性研究和初步设计阶段。

应按现有行业管理性质单个或打包开展工可研究，并遵循项目基本建设管理权限和程序，按照相关技术文件要求进行编制，报城建、发改、规划等相关行业主管部门批准。打包项目应事先与相关行业主管部门沟通协调。

各种交通方式的工可均需要介绍枢纽总体的工程设计方案，并详细分析本分项工程方案与枢纽总体工程方案的关系。

初步设计参照工可，分专业单个或打包进行编制，报相关行业主管部门批准。

第五章 枢纽信息和换乘标识系统

综合客运枢纽集合了多种交通方式的场站，集聚人流量大，换乘流线复杂，管理主体多元，需要充分利用信息化手段加强枢纽综合协调管理和为旅客提供人性化的信息引导服务。枢纽信息系统是为实现枢纽的综合协调管理和信息共享发布而搭建的公共信息管理平台。枢纽换乘标识系统是指附设于枢纽内部公共空间、出入口及枢纽周边地区，由文字、图像、色彩等信息构成的多层次、多要素、动静结合的换乘导向标志系统。枢纽信息和换乘标识系统能有效提升枢纽运营管理水平，提高旅客出行效率和服务品质。

一、枢纽信息系统

枢纽信息系统采用集成式、平台式、智能化的信息技术手段，通过整合各种交通方式信息资源，支撑枢纽综合信息管理、指挥调度、系统运营维护等管理业务。

（一）系统构成

枢纽信息系统包括数据采集和交换、枢纽运行监测、枢纽协同管理、应急处置、旅客信息服务等核心业务平台，依靠信息网络、广播、通信、视频会议、信息服务等支撑系统进行运行，并需要建设管理场所、信息管孔、机房、供电、防雷接地、综合布线等配套基础设施。综合客运枢纽信息系统构成如图 5-1 所示。

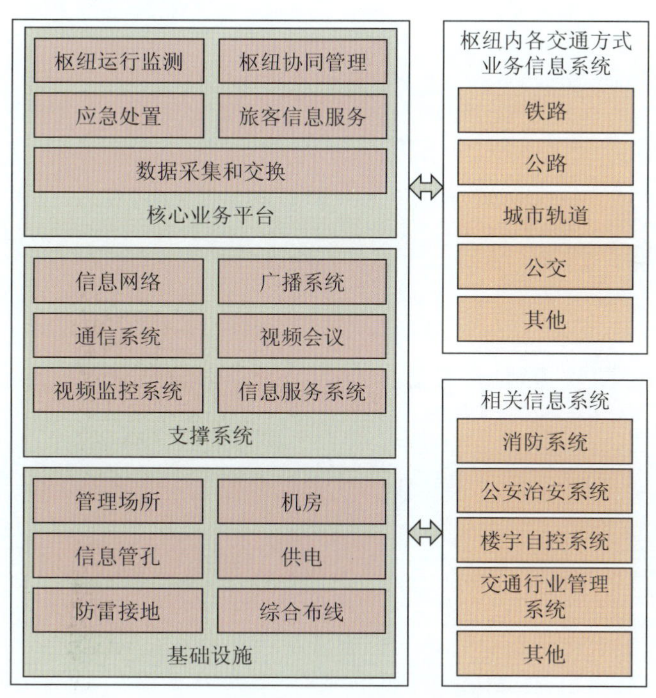

图 5-1 综合客运枢纽信息系统构成图

（二）功能应用

1. 数据采集和交换

通过对枢纽内各种交通方式信息资源的采集、处理、存储和交换，实现枢纽内信息资源的整合，并为各运营主体及上一级信息中心提供信息共享服务。综合客运枢纽信息系统信息交换与共享示意图如图 5-2 所示。综合客运枢纽信息系统与各交通方式信息系统共享信息见表 5-1。

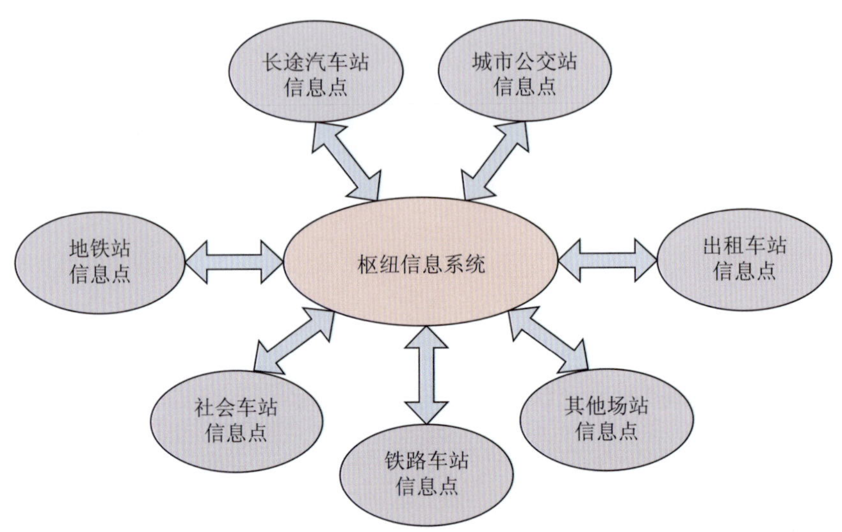

图 5-2　综合客运枢纽信息系统信息交换与共享示意图

综合客运枢纽信息系统与各交通方式信息系统共享信息一览表　表 5-1

信息内容	安保管理协调	运输组织协调	应急指挥调度	旅客信息服务
基础设施信息	√	√	√	√
运营计划		√		√
票务信息		√		√
运行动态	√	√	√	√
客流信息	√	√	√	
监控视频	√		√	
安全警报信息	√		√	
停车场信息		√	√	√
周边交通信息		√	√	√
资讯服务信息				√
其他交通信息		√	√	√

2. 综合监控管理

对枢纽公共区域及各交通方式场站的车辆运行、客流组织、消防安全、设备设施状态等进行实时监控。

3. 日常协调管理

开展与枢纽各交通方式的日常沟通协调，根据共享信息，协调枢纽内各种交通方式的运营管理和突发事件下的联动管理，实现多交通方式协同工作。综合客运枢纽日常协调管理信息流程如图 5-3 所示。

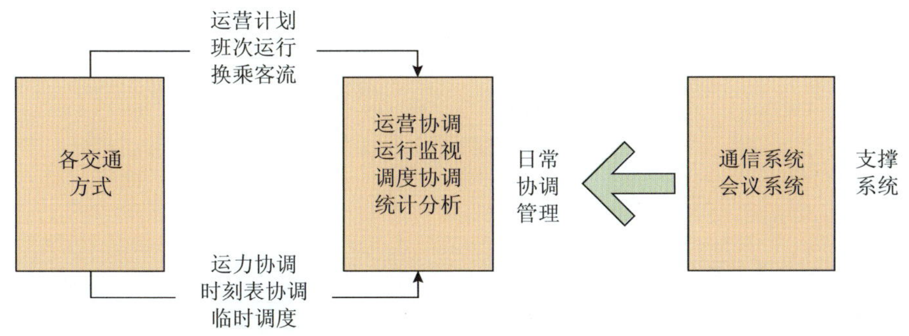

图 5-3　综合客运枢纽日常协调管理信息流程图

4. 应急调度指挥

按照枢纽应急预案，开展应急调度指挥以便及时控制事态、消灭危险。具体应包括预测预警、事件展现及评估、预案管理、指挥调度和特殊任务保障等功能。综合客运枢纽应急调度指挥信息流程如图 5-4 所示。

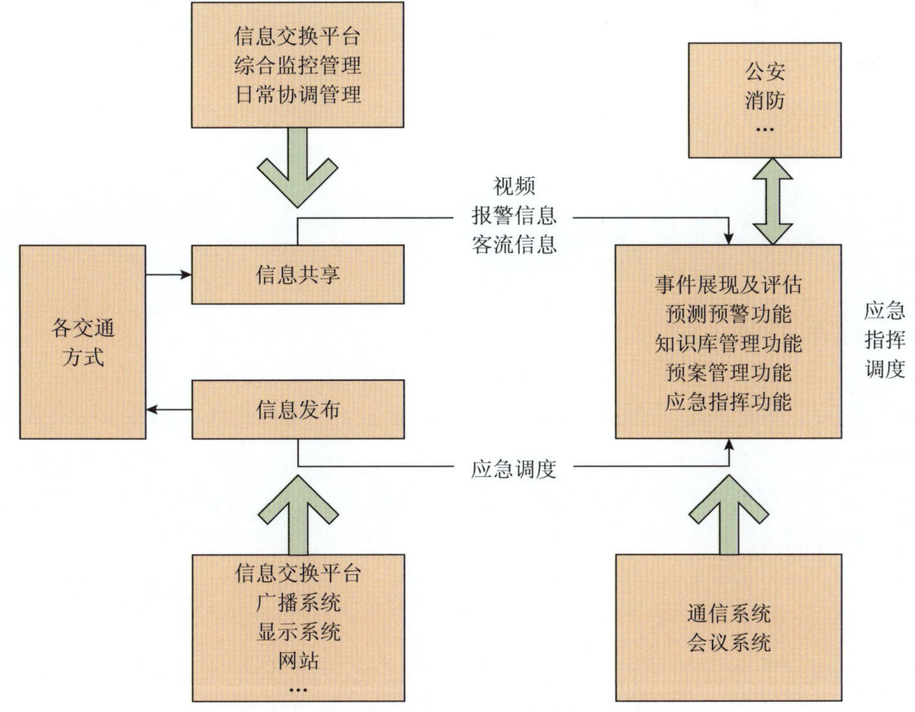

图 5-4　综合客运枢纽应急调度指挥信息流程图

5. 旅客信息服务

通过旅客信息中心、问讯处、互联网网站系统、手机网站系统、电话问询系统、触摸屏查询系统等，为旅客出行全过程提供实时信息服务。

旅客信息服务应包括各交通方式运营时刻表、班次运行状态等枢纽换乘相关信息，也可提供联网售票、酒店、租车、餐饮等特色信息。具体见表 5-2。

综合客运枢纽旅客信息服务内容一览表　　表 5-2

服务途径 信息内容	网站	热线电话	触摸屏查询	动态信息显示	联网售票
各方式运营时刻表	☆	☆	☆	☆	☆
各方式运营线路图	☆		☆		
各方式班车到发信息	△	△		☆	
各方式检票信息	△	△		☆	
各方式候车信息	△	△		☆	
各方式客票信息	☆	☆		☆	☆
订票服务	☆	☆			☆
停车信息	☆	△		☆	
枢纽设施信息	☆		☆		
周边道路路况	△	△		☆	
周边路网信息	☆	△	☆		
政策法规信息	☆	☆	☆		
通知通告服务	☆	☆	☆		
业务宣传服务	△	△	△		
酒店、租车、餐饮、旅游等信息	△	△	△		

注：☆表示应该提供的基本信息，△表示可提供的信息。

（三）技术要求

信息资源的交换与共享应遵循“尊重意愿、互惠互利、责权统一”的原则，由各交通方式运营主体协商确定。

枢纽信息系统应与各交通方式相关信息系统建立接口联系，对暂时不具备接入条件的交通方式应预留接口。

枢纽信息系统宜与消防系统、交通行业管理系统、公安治安管理系统、楼宇自控系统、商业 POS 系统、时钟系统等衔接。

枢纽综合监控管理应基于可视化的电子地图平台，对监控对象进行统一管理。重点监控区域是旅客通行区域，特别是站前广场、换乘大厅、换乘通道、主要交通场站出入口等旅客集中地点。对各交通方式场站的监控设备一般采用监而不控的管理模式。

枢纽信息系统还应对所采集到的信息资源进行统计分析，为枢纽的协调管理提供决策支持。

（四）实施管理

枢纽信息系统的实施管理具体包括系统建设、投资和运营管理三个方面的内容。

1. 系统建设

由于不同规模的综合客运枢纽对信息系统功能配置的要求不同，因此对于具体枢纽来说，应该建设多大规模的枢纽信息系统，需要结合枢纽规模、服务能力和辐射能力等因素确定。不同规模综合客运枢纽信息系统功能配置方案见表 5-3。

不同规模综合客运枢纽信息系统功能配置方案　　表 5-3

系统功能			特大型／大型枢纽	中型枢纽	小型枢纽
枢纽信息系统	信息交换与共享		☆	☆	△
	安保管理协调		☆	☆	△
	运输组织协调		☆	☆	△
	应急调度指挥		☆	☆	△
	旅客信息服务	枢纽网站	☆	△	△
		触摸屏查询	☆	△	△
		电话问询	☆	△	△
		动态信息显示	☆	△	△
		联网售票服务	☆	△	△

注：☆表示基本功能，△表示可选功能。

对于像南京铁路南站、常州铁路站等的特大型、大型枢纽，由于运营管理难度比较大，为加强枢纽内各种交通方式场站运营、管理和应急处置的协调能力，必须设置独立的枢纽信息管理机构和办公管理用房，配置较为完善的枢纽协调管理功能（包括信息交换与共享、安保管理协调、运输组织协调和应急调度指挥等功能模块）。

以常州铁路站综合客运枢纽为例

常州铁路站综合客运枢纽在信息化建设方面做了很多探索，通过建立 HOC 信息管理平台，对各类信息进行共享和统一发布，方便统一管理和服务旅客，实现除铁路站以外枢纽各功能区的监控与调度管理。常州铁路站综合客运枢纽信息管理平台交互关系如图 5-5 所示。常州铁路站综合客运枢纽 HOC 系统总体架构如图 5-6 所示。

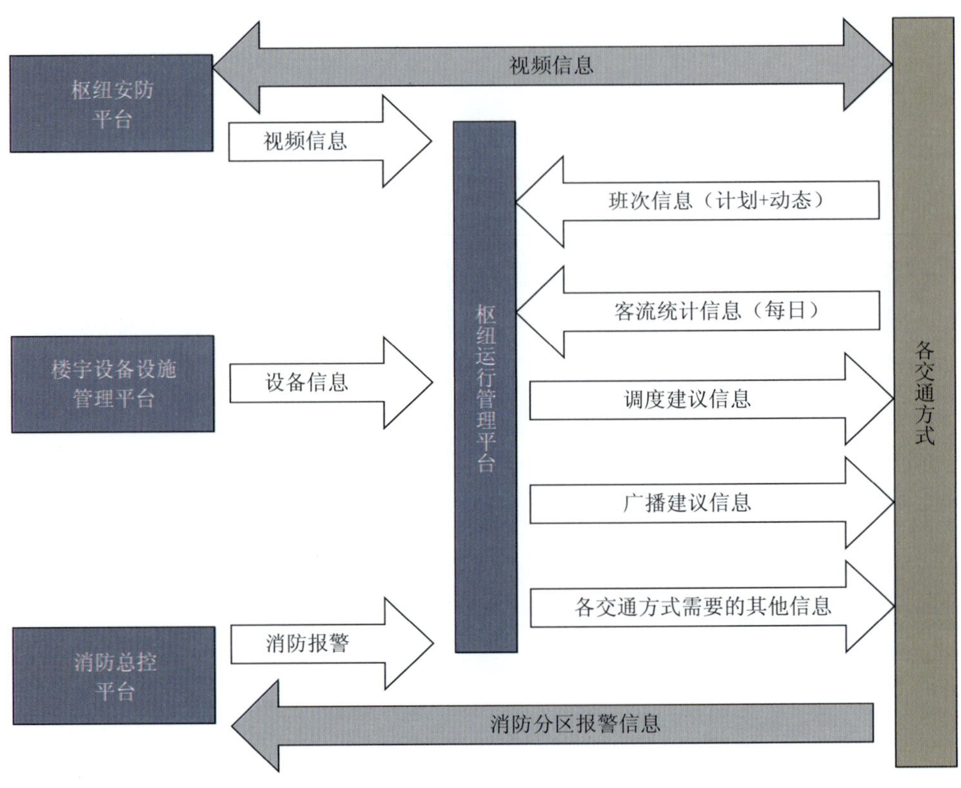

图 5-5 常州铁路站综合客运枢纽信息管理平台交互关系图

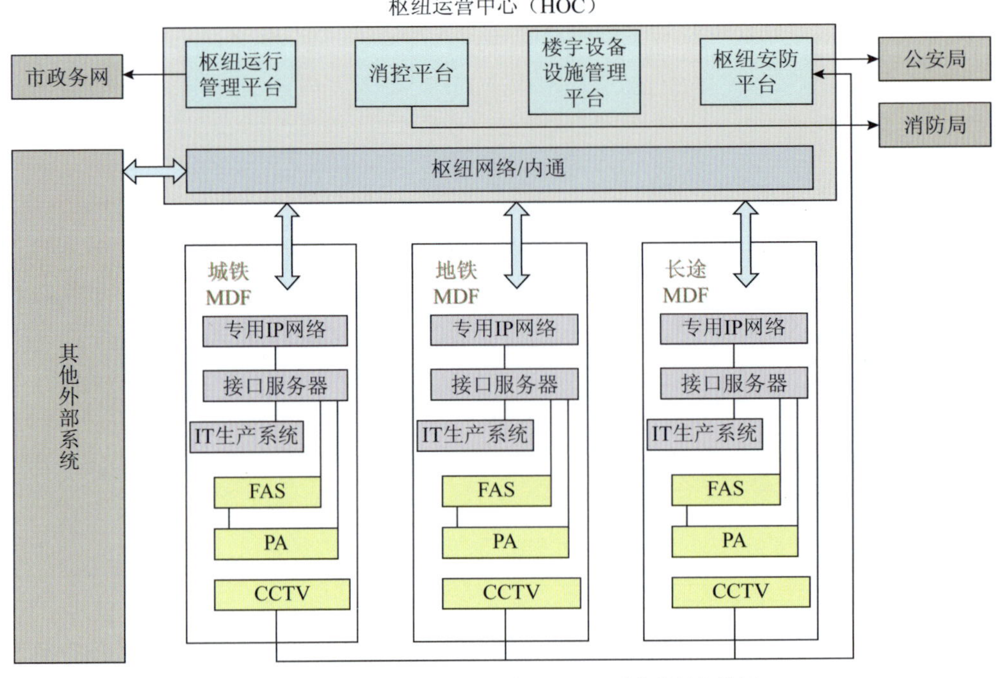

图 5-6 常州铁路站综合客运枢纽 HOC 系统总体架构图

对于像苏州工业园站、南京仙林站这样的中、小型枢纽，由于运营管理难度比较小，既可以设置公共信息管理平台和独立的枢纽信息管理机构，配备非常完善的枢纽协调管理功能，也可以依托全省性运输管理综合信息服务平台，由市级运输管理综合信息服务平台负责枢纽的远程监控、安保管理协调等工作。中、小型枢纽由于客运班次比较少、旅客流量比较小，可不设独立的旅客信息服务系统，依托交通服务热线（如：江苏 96196 交通服务热线），为旅客提供出行信息咨询服务。

为减少旅客在枢纽内的无效活动和滞留时间，降低枢纽旅客的组织管理难度，特大、大型枢纽应该将旅客出行信息和服务前置，设置跨场站的动态信息显示终端和提供联合票务服务。其中，特大型枢纽由于规模最大、布局最为复杂，应该按照各类旅客的换乘、中转流线，跨场站设置铁路旅客车站和汽车客运站的动态引导信息显示终端；同时铁路和公路客运售票厅也应该互设票务代售。大型枢纽应尽可能设置跨场站的动态信息显示和联合票务服务等旅客信息服务功能。

为了更加方便广大人民群众咨询出行信息，扩大枢纽的服务范围、降低枢纽工作人员的劳动强度，特大、大型枢纽都应该设置专门的枢纽客服网站、触摸屏查询、热线电话等旅客信息服务系统，为旅客提供实时且准确的出行信息服务。

在枢纽信息系统的建设过程中，由于管理体制、信息化发展水平等方面存在差异，各项功能可能无法一步到位，可按下列原则实施：

（1）信息交换与共享是各项功能成功实施的基础，不要求所有信息资源的共享必须一步到位，应遵循“先易后难”的原则，铁路以外的各种交通方式应首先实现信息共享；与铁路系统的信息交换工作可根据协调情况，逐步实施。

（2）安保管理协调应实现枢纽公共区域及各方式运营区域的客流、安保视频的集中监视，对消防、设备设施等综合监控可逐步实现。

2. 投资管理

根据对现行综合客运枢纽，尤其是铁路综合客运枢纽的投资建设体制的分析，枢纽所在地市（县）人民政府是枢纽（铁路站房除外）及配套设施建设的责任主体，各交通方式场站的信息弱电系统作为枢纽站房工程的组成部分，由建设单位一并建设。考虑到枢纽信息系统的建设牵涉多种交通方式场站，且要与枢纽内各交通方式场站信息弱电系统互联互通，从利于统一接口标准、建设管理和协调的角度考虑，枢纽信息系统建设应和枢纽同步实施。

在枢纽建设过程中，由枢纽所在地市（县）人民政府成立的枢纽建设领导机构具体负责枢纽信息系统的组织协调工作，并落实枢纽信息系统的建设主体。各地市（县）交通运输主管部门应加强对枢纽信息系统规划建设的行业管理，确保枢纽信息系统与枢纽场站的同步设计、同步施工和同步运营。

枢纽信息系统的建设主体应按照枢纽建设领导机构与各交通方式场站建设管理主体协商确定的枢纽运营管理模式，委托具有相应资质的单位开展各枢纽信息系统的规划、设计、建设工作，负责实施过程的总体管理和技术协调。

枢纽信息系统建设主体应与枢纽场站的设计、施工单位及信息系统设计、施工单位协调，明确枢纽公共信息管理平台和各交通方式业务信息系统的接口方式、数量、位置和标准，以及枢纽场站的设计、施工界面。

3. 运营管理

枢纽建设领导机构应组织枢纽内各交通方式场站的建设主体协商确定枢纽信息系统的运营管理机制，并建立枢纽信息管理机构。为了充分发挥政府主管部门的主导作用和各方式运营主体的积极性，便于枢纽运营过程中的协调和磋商，枢纽信息管理机构可由枢纽所在地市（县）交通部门、公安部门和枢纽内各交通方式场站运营主体组成。枢纽信息管理机构的具体职责是：

（1）按照“尊重意愿、互惠互利、责权统一”原则，完善信息共享机制和安全保障体系，发挥各交通方式运营主体共享信息资源的积极性，提升枢纽信息资源综合利用水平。

（2）落实枢纽公共信息管理平台运营制度化、规范化建设，做好枢纽公共区域监控管理，协调各交通方式场站之间的安保管理。按枢纽应急预案，协调各交通方式运营主体完成应急保障任务。

（3）加强各交通方式之间的运输衔接，协调运力配置、班次计划等。

枢纽信息管理机构通过枢纽信息系统对枢纽公共区域进行监控和紧急调度、指挥等管理。正常情况下，公交、城际、地铁、轻轨、普铁、停车场、市政、商业等按照各自的运营管理模式进行运行管理；紧急情况下，通过信息网络、信息互联等方式，接受枢纽信息管理机构的统一指挥。

二、换乘标识系统

综合客运枢纽换乘标识系统主要是指附设于枢纽内部公共空间、出入口及枢纽周边地区，由文字、图像、色彩等信息标志构建的一个多层次、多要素、动静结合的综合性换乘导向服务系统，用以引导旅客正确而有效地完成空间定位、换乘路径选择、紧急疏散等活动。鉴于各种交通方式均有相应的导向标识规范标准，本节主要针对枢纽体内公共换乘空间部分导向标识的设置。

（一）系统构成

换乘标识系统由导向标志、位置标志、综合信息标志和辅助性标志四类标志构成。换乘标识系统的分类、功能及示例见表 5-4。

换乘标识系统分类、功能及示例一览表 表 5-4

分类	内容及功能	示例
导向标志	由标志图形、文字和箭头组成，表示标志文字或图形所示目的地的前进方向，用于引导旅客继续前行	长途汽车站 Coach Station
位置标志	由标志图形和文字组成，表示标志文字或图形所示目的地，用于告诉旅客已经到达目的地	
综合信息标志	以平面示意图为主体，由图名、平面图和图例组成，主要用于展示枢纽或特定区域内的服务设施的分布信息，使旅客能准确分辨自己所处方位及周边各项设施的空间布局，为选择行进方向提供参考	
辅助性标志	包括说明、警告、管制、装饰以及无障碍设施的系列标志，起到完善空间环境、安全疏散引导、扶助特殊人群等作用	小心滑倒 BE CAREFUL；禁止吸烟 NO SMOKING

（二）设计原则

（1）换乘标识系统的设计应遵循国家公共信息导向标志的相关标准规范。

枢纽作为一个整体，应为旅客提供标准统一的引导信息服务，换乘标识应统一采用《标志用公共信息图形符号》（GB/T 10001—2004）推荐的标志图形，标志图形和指向箭头符号的设置应满足《公共信息导向系统要素的设计原则与要求 第 1 部分：图形标志及相关要素》（GB/T 20501.1—2013）的要求。

换乘标识应按《公共信息导向系统要素的设计原则与要求 第 2 部分：文字标志及相关要素》（GB/T 20501.2—2013）的要求，版面汉字采用黑体，英文采用等线字体，也可以采用同一系列的字体。综合客运枢纽换乘标识如图 5-7 所示。

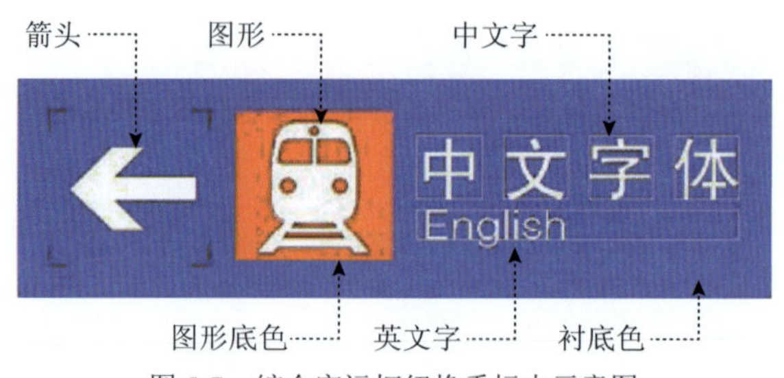

图 5-7　综合客运枢纽换乘标志示意图

（2）换乘标识系统应在统一交通流线的基础上，坚持“以人为本、以流为主”的设计原则。

以英国伦敦为例

图 5-8 中 A ~ E 五块标志对于“Hounslow Coach Station”的信息指示连续并规范，值得学习。其中，A 为轨道交通豪恩斯洛站；B 为指向轨道交通站出口和长途汽车站；C、D 为指向长途汽车站；E 为指向豪恩斯洛长途汽车站。

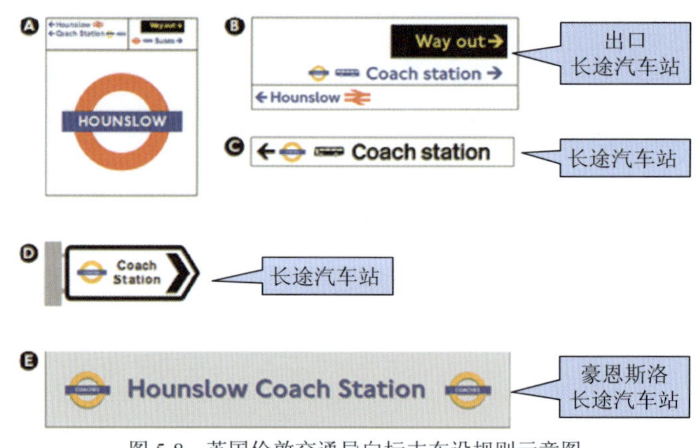

图 5-8　英国伦敦交通导向标志布设规则示意图

导向标志和位置标志应该按照旅客流线布设在各交通方式场站出站通行区域及换乘通道、换乘大厅、站前广场等枢纽公共区域。在主要旅客通道上，导向标志必须从该旅客通道的起点连续设置至终点，并在该旅客通道的终点处设置地点标志，形成“引导—确认”系统，为旅客营造连续且完整的信息带。在次要旅客通道上，导向标志必须从该通道的起点连续设置至与之相连的主要旅客通道入口，在进入主要旅客通道的前一块导向标志的箭头指向必须与主要旅客通道前进方向一致。

（3）换乘标识之间以及和各种交通方式场站标识之间应该信息连续、图形文字一致、颜色统一。

对于同一标识信息有多个表示图形的情况，各设计主体应该通过协调，尽量采用同一图形。

各交通方式的现行标识设计规范对客运站导向标志的字体要求略有不同，在导向标志设计过程中，各设计单位应该在统一协商并获得建设主体同意的情况下，尽量采用相同的字体。

以常州铁路站综合客运枢纽为例

常州铁路站综合客运枢纽对标识系统进行了分类显示，利用不同的色系或图案予以区别，如：铁路——深蓝色、公路——黄色、公交——淡蓝色、出租——绿色，旅客可以通过跟踪颜色或者图案，方便地到达目的地。如图5-9所示。

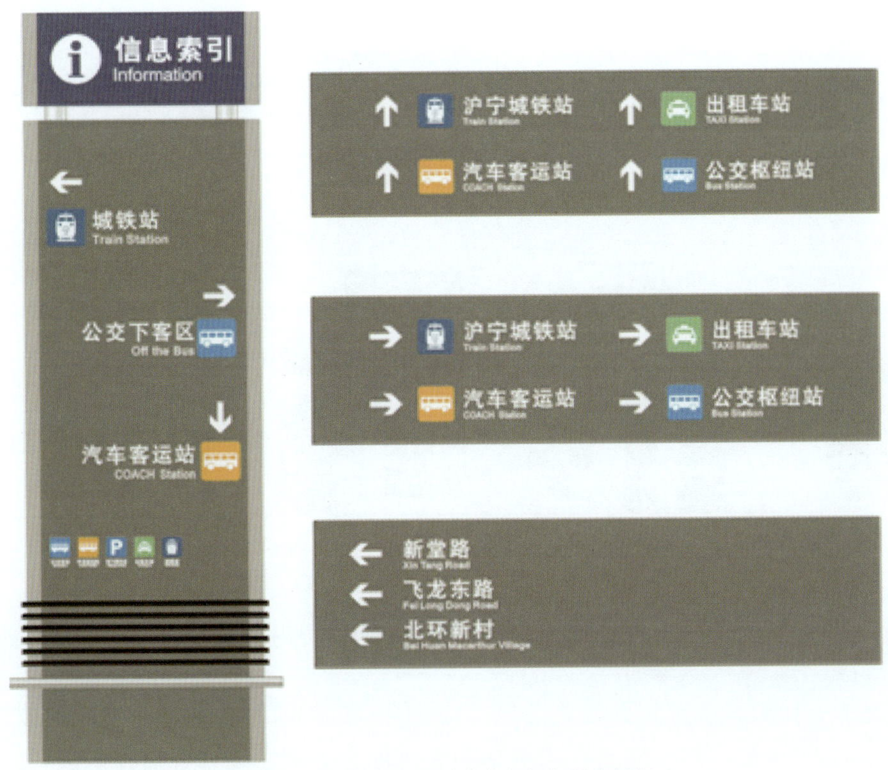

图5-9 常州铁路站综合客运枢纽导向标识

换乘标识采用何种颜色体系，应该综合考虑旅客习惯、各交通方式既有行业标准，以及枢纽内各交通方式标识色等多种因素统筹规划。根据我国各类交通场站标识颜色选用习惯，建议换乘标识统一采用黑色或蓝色或蓝褐色作为版面衬底色，采用白色作为文字、箭头和图形颜色。并为铁路客运、公路客运、城市轨道、常规公交等主要交通方式赋予不同的身份标识色，与该交通方式有关的所有导向标志的图形底色均应采用标识色。

（4）换乘标识设计过程中，应采取信息分级、突出主要信息、依交通流线排列信息、赋予身份标识色等多种措施，增强标志信息的主动引导能力。

以常州铁路站综合客运枢纽为例

常州铁路站综合客运枢纽标识设计采用四级系统进行分类显示，具体如图 5-10 所示。可采取多种措施来合理布置主次信息，以方便旅客认读。典型的布置形式有三种：

①利用色彩的视觉特性，以更为显眼的、区别于一般标志的颜色作为重要信息的标志底色。

②以更大的字体和图形表示重要信息。

③把重要信息和次要信息分板块布置，重要信息标志设置在旅客通行区域正中心，次要信息标志设置在重要信息所在标志两侧。

为了使重要信息更加明显，可将上述三种布置形式综合运用。

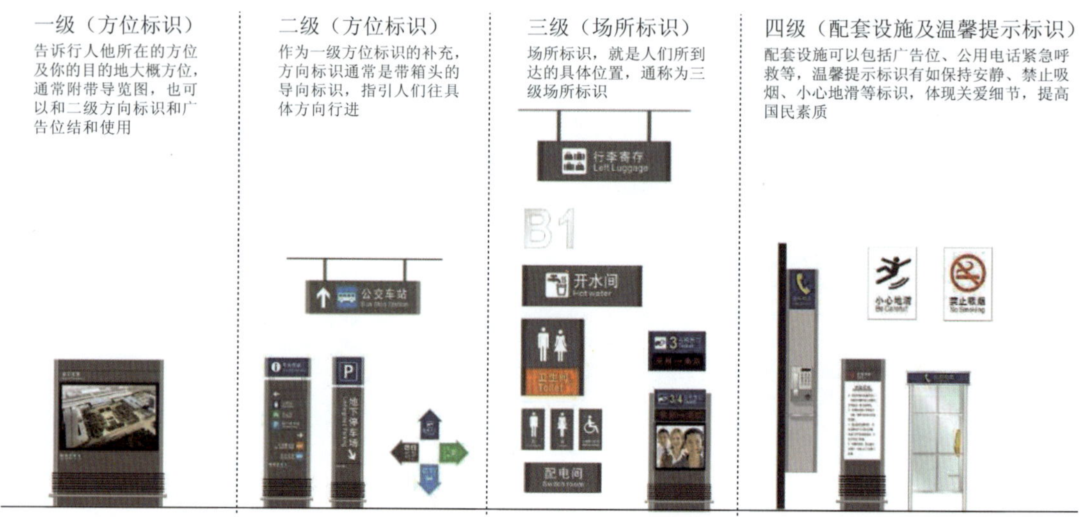

图 5-10 常州铁路站综合客运枢纽客运中心四级标识系统

（5）枢纽内各交通方式或每条线路宜统一身份标识色，并作为该交通方式场站的标志图形的基础色，便于旅客快速识别。

为了更加方便旅客快速识别相关信息，可利用色彩学原理，为每种交通方式或每条线路赋予一种标识颜色，在指向该交通方式场站的导向标志上增加该方式的标识色块，或标识腰身色带，或标识上（下）边条色块，或作为标志图形底色，旅客通过相关标识色块（或腰身色带或边条色块）即可快速联想到该交通方式或线路，而无须再花时间阅读对应的导向标志信息，有利于加快旅客步行速度。英国伦敦枢纽和日本东京车站的静态标志系统都采用了该措施。

以英国伦敦为例

如图 5-11 所示，伦敦枢纽用不同颜色区分不同线路或不同区域等信息，以棕黄色、金黄色、翠绿色、粉红色分别代表地铁线路 Bakerloo line（贝克鲁线：连接伦敦西北部和中心区）、Circle line（环线：环线绕行到伦敦南方与泰晤士河并行）、District line（区域线：大部分车站与环线并线)、Hammersmith & City line(汉默史密斯及城市线:连接帕丁顿铁路站与利物浦街铁路站)。

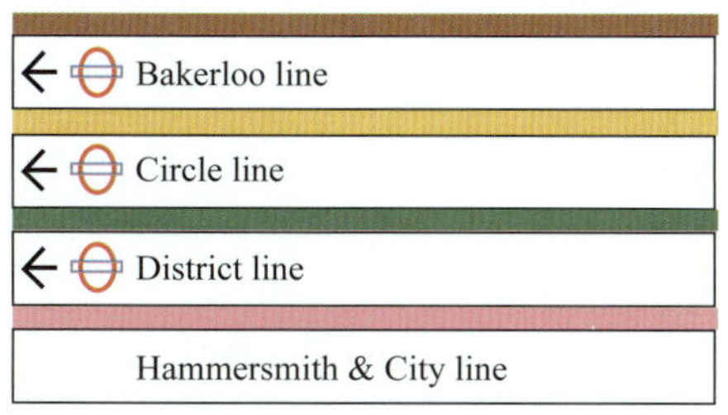

图 5-11 英国伦敦不同颜色区分地铁线路标志图

(三)技术要点

1. 导向信息分级

根据旅客在不同出行阶段对导向信息的需求,可将枢纽换乘信息进行分级,并设置在不同的换乘区域。综合客运枢纽导向信息分级见表 5-5。

综合客运枢纽导向信息分级表 表 5-5

信息分级	分级信息内容
一级信息	各种交通方式场站的出入口、枢纽站前广场和换乘大厅的出入口
二级信息	铁路站、汽车客运站、地铁站(城铁站)、公交车站、出租车站、停车场和商业区
三级信息	铁路站售票厅、候车厅、出站口、检票口、服务台; 汽车客运站内售票厅、候车厅、出站口、检票口、服务台; 地铁站(城铁站)的不同线路、公交车站的不同站台或线路等
四级信息	卫生间、餐饮店、商店、信息查询、警务室、公共电话等

一级信息适用于旅客出站阶段的导向标志,引导旅客快速出站。一级信息还须作为地点标志信息设置在各种交通方式场站的出口和入口,以及枢纽站前广场和换乘大厅的出口和入口。

二级信息适用于旅客出站和换乘阶段的导向标志,为旅客提供简洁、明确的终点交通方式场站导向信息。

三级信息适用于旅客进站阶段的导向标志,引导旅客办理相关乘车手续。

四级信息所表示的设施分布于枢纽内各个区域,每个区域的公共设施一般只服务于本区域旅客,相关设施的引导信息只在所在区域内设置。

2. 统一导向信息排列规则

可采用统一导向信息排列规则来缩短旅客获取目标信息所需要的时间,即:沿旅客前进方向，将导向信息按由近及远的顺序，分别从标志版面的左右两侧向内侧排列。如图5-12所示。

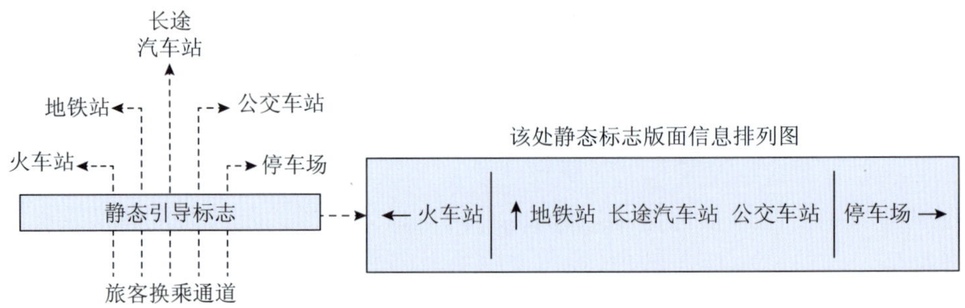

图5-12 综合客运枢纽标志版面引导信息排列规则示意图

（四）建设方案

由于综合客运枢纽换乘标识系统是枢纽组织旅客交通流的关键设施，换乘标识系统的完善与否直接决定了枢纽的运行效率和服务水平，因此各类型枢纽均应设置换乘标识系统。特大型和大型枢纽由于衔接交通方式多、建筑体量大、换乘通道多、旅客流量大等原因，应特别重视换乘标识系统的建设。

在当前综合客运枢纽建设管理体制下，换乘标识系统的设置应该在各交通方式现行标准规范基础上，按照“统一规划、统一标准、分块实施”的原则组织实施。

在换乘标识系统设计阶段，综合客运枢纽内各交通方式场站及公共区域的建设主体应就换乘标识系统设置加强协调，根据枢纽空间布局、各交通方式间的客流转换比例、通道通行能力、各交通方式的业务流程等，统一规划旅客流线方案，特别是各交通方式场站间的旅客换乘流线，明确各建设主体的建设范围和接口要求，并以此方案作为各交通方式场站换乘标识系统的设置依据。

在统一旅客流线基础上，铁路旅客车站、汽车客运站、城市轨道交通车站和城市公共交通车站等各交通方式场站内部的换乘标识系统，原则上应分别按表5-6所列标准设置。

各交通方式客运站业务信息系统建设标准规范体系　表5-6

交通方式	相关标准、规范	相关系统
铁路	《铁路旅客车站客运信息系统设计规范》（TB 10074—2007） 《铁路客运专线旅客服务系统总体技术方案》	旅客服务系统、车站集成平台、车站监控系统、广播系统、导向监视系统、车站火灾报警系统等
长途汽车	《汽车客运站建设规范》（DB32/T 1228—2008） 《汽车客运站计算机售票管理信息系统规范》（JT/T 310—1997）	电子显示屏系统、公共广播系统、柜台服务系统、触摸屏系统、安全防范系统等

续上表

交通方式	相关标准、规范	相关系统
城市轨道交通	《地铁设计规范》(GB 50157—2013)	综合信息管理系统、车站电力监控系统、环境与设备监控系统、火灾自动报警系统、视频监控系统、自动售检票系统等

枢纽内各交通方式场站及公共区域的建设主体还应该主动组织设计单位就各交通方式场站行业规范的统一性进行讨论，尽量实现不同交通方式场站及公共区域换乘标识系统的标志图形符号、标志语言、标志颜色、标志文字字体等标志要素的统一。对于一些专属于某种交通方式的标志符号应参考该交通方式的相关规范设置。

对于某些交通方式场站缺乏换乘标识规范的情况，导向标志的设计应按照统一的旅客流线方案，在遵循本方式相关规范的基础上，补充换乘导向标志，以满足旅客导向标志的连续性和整体性要求。

以无锡高铁站和常州高铁站综合客运枢纽为例

无锡高铁站综合客运枢纽的换乘标识系统由于前期协调较好，以及运营过程中多次完善和补充，目前枢纽内各方式之间导向标志信息衔接较好，枢纽标志采用颜色来区分各种旅客流线和各种功能分区，具有比较好的引导性。如图 5-13 所示。

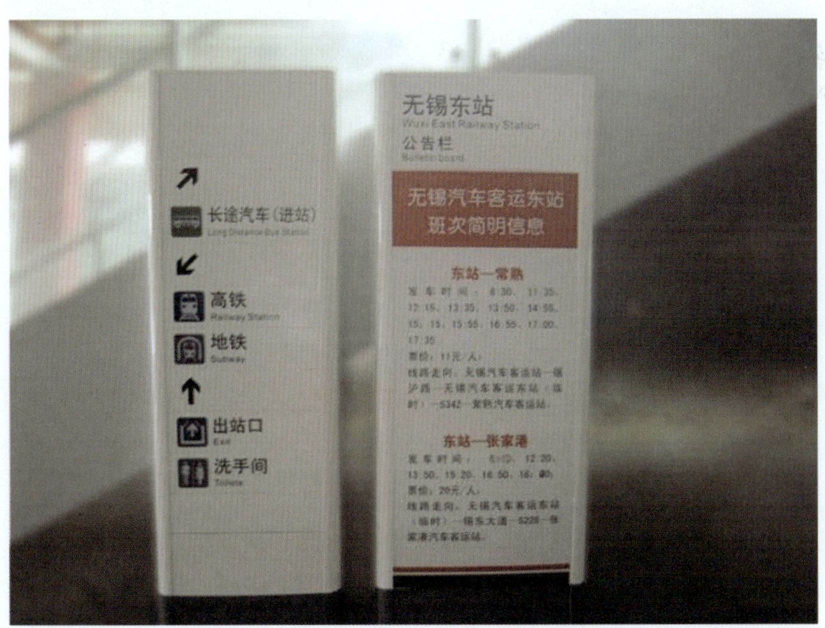

图 5-13　无锡高铁站综合客运枢纽静态导乘标志

常州高铁站综合客运枢纽的换乘标识系统采用多种版面形式和安装方式(悬臂式、直立式)，比较符合旅客的视认习惯。如图 5-14 ~ 图 5-15 所示。

图 5-14 常州高铁站综合客运枢纽悬臂式导乘标志

图 5-15 常州高铁站综合客运枢纽直立式导乘标志

第六章 建设管理

综合客运枢纽是集多种运输方式于一体的大型交通基础设施，集约化程度高、建筑结构复杂，并且涉及交通、规划、国土、城建、环保等多个部门的利益及各专项规划的协调和统一。因此，综合客运枢纽建设需要各级政府及各有关部门统一认识，在体制机制设计上统一安排，建立一个强有力的指挥领导机构和协调机制，明晰各种交通设施投资责任主体、产权归属及相互间的结构界面，对分期建设内容必须做好预留预控，提升建设、管理水平。

一、建设管理内容

综合客运枢纽的主要建设对象包括三类：一类是航空、铁路、公路等各种交通方式的主体功能设施；二类是公共配套设施；三类是商业配套设施。综合客运枢纽设施分类见表 6-1。

综合客运枢纽设施分类表　　表 6-1

分类		设施	特征
一	主体功能设施	民航机场、铁路站房、汽车客运站	站房设施； 为某一种运输方式提供直接服务； 场站功能相对独立
二	公共配套设施	广场、公交车站、停车场 / 楼、人行通道、服务通道、衔接道路、轨道(地铁)站房	附属设施； 为多种运输服务提供配套； 难拆分
三	商业配套设施	商业服务、商务、办公、酒店、娱乐设施	经营性设施； 商业服务设施分主站房内设施和主站房外设施

二、建设管理特点和要求

(一)建设管理特点

1. 投资主体众多

综合客运枢纽在综合交通网络中的重要度不同，其投资主体有所不同。从政府投资角度，涉及国家、省、市和枢纽所在地政府；从交通方式角度，涉及铁路、航空、公路及城市公共交通等部门和企业，社会资本也可以参与投资。为此，综合客运枢纽的投资、建设管理主体众多，权益关系较复杂。

2. 工程技术复杂

综合客运枢纽为了处理局部范围内的大量客流，常采用地上、地面、地下等多层结构构造，以实现多种运输方式在有限空间内的紧密衔接。通过信息系统建设实现枢纽内运行管理信息的统一调度、指挥和控制。同时还要充分考虑枢纽内各种场站设施、接驳设施、服务设施、市政配套等设施人性化、便捷化的服务要求。因此，综合客运枢纽工作界面多且相互关系复杂，建设施工管理难度较高。

3. 设施属性多样

综合客运枢纽设施属性特征多样，各种设施按照其属性可分为公益性、准公共性、经营性。在准公共性设施中，根据其公益性和可经营性的强弱，又可以分为不同的等级。因为有些设施是不可拆分的，导致同一设施同时具有公共性和经营性。综合客运枢纽设施属性很大程度上决定了投资主体的选择和投资权益的归属，以及未来承担运营管理和服务的责任主体选择。

4. 技术标准有待完善

传统的单方式场站规划设计以相应的专业规范为指导。但对于综合客运枢纽内多种交通方式换乘、衔接的功能属性与要求，多种集散客货流的分布特征和枢纽土地、空间、环境有限资源利用等目前均缺少综合性研究及相应技术标准，对客运枢纽换乘衔接基础设施建设缺乏相应指导与规范，给综合客运枢纽的建设管理造成了较大的困难。

（二）建设管理要求

为了实现综合客运枢纽各种交通方式之间以及各相关政府部门、社会力量之间的“横向综合”与“纵向整合”，确保各阶段责任主体明确且具有一致性，使综合客运枢纽形成并真正起到整合交通资源的作用，在枢纽建设管理中要加强组织领导和沟通协调，加强统一规划、统一设计，对于分步建设的设施，要充分考虑预留后期建设的接口。

1. 加强建设阶段组织领导和沟通协调

综合客运枢纽项目涉及多种交通方式，也涉及众多相互衔接的环节，以及方方面面的管理主体、投资主体和其他利益主体。要保证枢纽建设的顺利实施，在建设阶段必须加强三个层次的沟通协调：一是需要加强地方政府和行业管理部门的沟通协调，二是需要加强省与市县之间的沟通协调，三是需要加强市县各部门之间的沟通协调。

2. 充分考虑预留设施的建设

由于综合客运枢纽建成后可能要使用数十年甚至更长时间，这就要求考虑城市快速发展和交通需求增长对枢纽设施种类和规模的要求。例如，不少城市未来将建设地铁、轻轨以及城郊铁路等大容量的城市交通设施，同时，土地、环境、投融资等的政策也具有不确定性，提前考虑枢纽设施的预留可以减小因为这种不确定性带来的未来改扩建成本增加、土地审批难度加大等问题。并且，对预留的土地也要考虑其暂时闲置而带来的机会成本和管理成本，尽可能制订合理的预留方案。

3. 充分考虑运营管理的需求

由于综合客运枢纽的投融资和建设管理模式形成的权属关系、部门关系、管理关系会对枢纽建成后的运营管理产生很大的影响，枢纽实现"无缝衔接"的服务理念，不仅仅是建成后的运营组织和管理方面要考虑的问题，在规划建设时对其建设结构、设施布局、投资模式等均应有相应的要求。在前期工作时就需要考虑其运营要达到的目标，及其达到目标要采取的运营管理方式。

三、建设管理模式

（一）投融资模式

综合客运枢纽投资主体众多，资金来源渠道较广。综合客运枢纽不同类型设施经营属性和投资特点见表 6-2。

综合客运枢纽不同类型设施经营属性和投资特点　　表 6-2

分类	经营属性	投资特点
机场	民航项目的重要组成部分，不可分割经营	作为民航项目投资的组成部分
铁路车站	铁路项目的重要组成部分，不可分割经营	作为铁路项目投资的组成部分
汽车客运站	独立性强，可以分割经营	可以作为独立项目进行投资建设
轨道车站	轨道项目的重要组成部分，不可分割经营	作为轨道项目投资的组成部分
公交车站	一个或多个公交公司公交车辆的首末站或停靠站点，公益性强，难以分割经营	一般由政府投资建设，免费提供公交公司使用
站前广场	服务于多种运输方式，也可作为某一种运输场站的附属设施，可分割，但不可经营	可以作为某一种场站项目的投资组成部分，也可以作为公共项目进行投资建设
停车场	为其他运输方式提供服务，为社会车辆、出租车提供停车场所，可以分割经营	经营期收入可以补偿管理费用，难以回收投资，需要政府投资，可以免费提供车辆使用
人行通道	不同运输方式之间的转换场所，不可分割经营	可以作为某一种场站项目的投资组成部分，也可以作为公共项目进行投资建设
城市道路	集疏运设施，公益性设施，不可经营	可以作为独立项目进行投资，也可以和其他公共配套项目进行整体投资

地方配套设施的投资开发和建设过程中，通常对于不可经营、不可拆分的设施以及土地，需要有一个统一的投资主体进行投资开发；其余各类设施，可以依据其可拆分性和可经营性等属性，选择投资开发的具体模式。

一般常用的投融资模式有以下三种：

1. 各交通方式投融资模式

这种模式主要是将铁路站、轨道站、汽车客运站、公交站等分别由不同的责任主体进行投资管理。其中，铁路站房由铁路项目业主负责投资，轨道车站由轨道项目业主负责投资，汽车客运站由政府选择投资主体负责投资，公交车站由地方政府或其所属国有投资平台、公交企业负责投资，停车场由地方政府、其所属国有投资平台或选择社会投资者负责投资，广场、通道等根据工作界面分别由各相关责任主体负责投资，商业配套设施由政府选择投资主体进行投资。各交通方式投融资模式如图 6-1 所示。

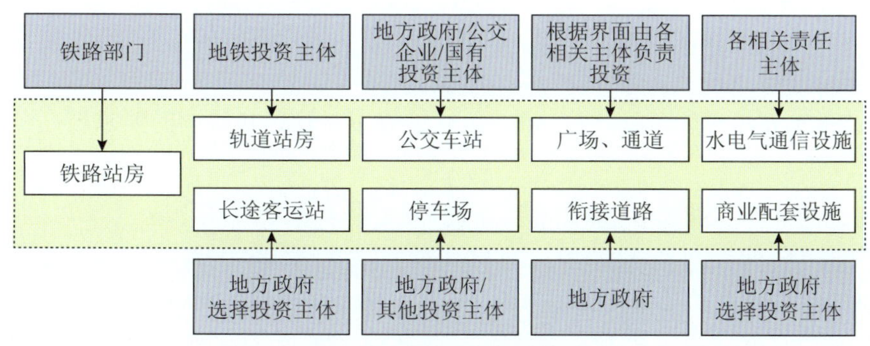

图 6-1　各交通方式投融资模式

优点：投资主体明确，利益关系清晰，前期工作组织管理的难度不大，有利于多渠道筹集建设资金。

缺点：各主体分别投资，界面关系较为复杂，加大建设、运营管理协调的难度，不利于对枢纽地区的综合开发。

以南京铁路站综合客运枢纽北广场为例

鉴于南京铁路站综合客运枢纽北广场涵盖铁路、交通、桥梁、隧道、公共停车场、汽车客运站、地铁、园林、广场九项内容，涉及 11 个单位与部门，工程建设和协调难度较大，综合客运枢纽采取总体规划、总体设计、总体协调、分工建设的模式，根据规划方案，按照建管职责和从有利建设的角度出发，确定各项建设内容及有关部门的责任分工。其中，南京站北站房由铁路部门负责实施，北广场、地下停车场、换乘大厅、公交首末站、周边集散道路由市建委负责实施，地铁由市地铁指挥部负责实施，小红山长途汽车客运站由市交通运输局负责实施。

---

2. 枢纽公司投融资模式

这种模式是由地方政府成立枢纽公司作为整个综合客运枢纽的投资主体（铁路站除

外),进行整体建设开发。在未来运营中,枢纽公司可将其中的部分设施租赁给相关主体使用。枢纽公司投融资模式如图 6-2 所示。

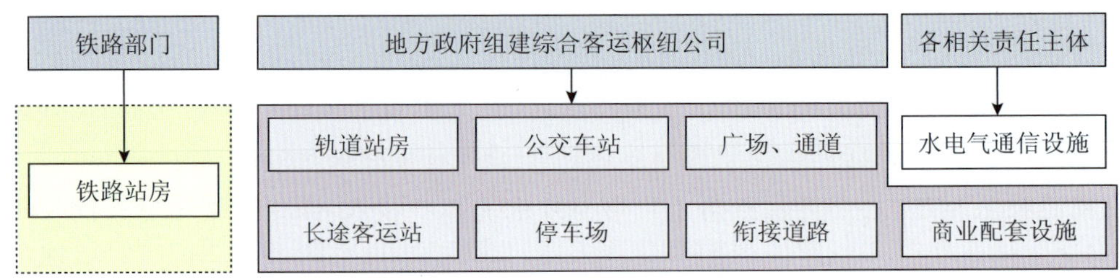

图 6-2 枢纽公司投融资模式

优点:有利于对枢纽进行统一的综合开发,提高资源的集约利用程度,并有助于统一建设和统一运营管理。

缺点:前期工作组织管理的难度较大,运行过程中对管理和协调的要求较高。

以常州铁路站综合客运枢纽为例

在常州铁路站的建设过程中,铁路部门负责沪宁城际铁路常州站场站和站房的投资,交通投资产业集团代表常州市政府负责常州客运中心、配套市政工程以及轨道交通预留设施投资。

3. 广场公司投融资模式

这种模式主要是成立综合客运枢纽广场公司作为综合客运枢纽公共配套设施的投资主体,铁路站房由铁路项目业主负责投资,轨道站房由城市轨道投资主体负责投资,汽车客运站由政府选择合适的投资主体负责投资。广场公司投融资模式如图 6-3 所示。

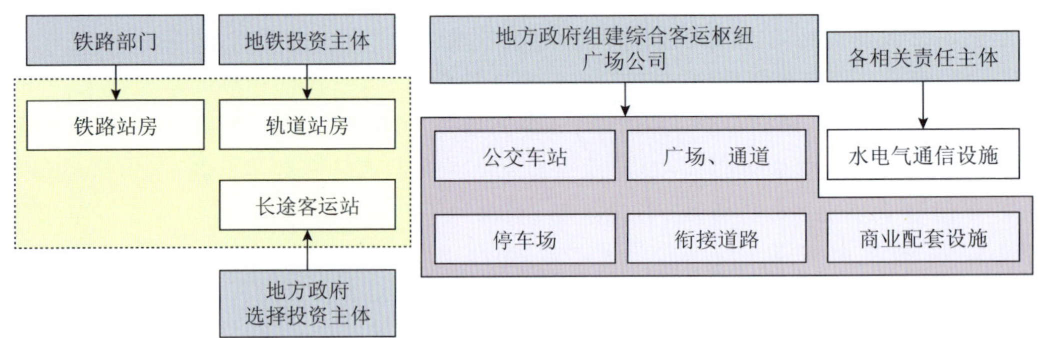

图 6-3 广场公司投融资模式

这种模式介于各交通方式投融资模式和枢纽公司投融资模式之间,在上海南站地方配套设施的投资运作中取得了较好的成效。地方可根据自身实际情况,有选择地借鉴。

以上海铁路南站综合客运枢纽为例

上海市承担南站广场及其配套工程的投资，南站广场配套工程总投资为17.69亿元，资金缺口为9.59亿元，市政府同意将南站周边可用于开发的土地87.45万m^2授权南站广场投资有限公司按照土地储备方式和市有关规定进行开发，并给予所缴土地出让金(上缴中央除外)、住宅配套费返还等政策。南站广场市政配套工程投资与周边土地开发及广场范围内经营性设施的收益相结合，所得收益用于广场市政配套工程投入、银行资金还贷及投入的资本金退出等。

综合客运枢纽典型投融资模式比较见表6-3。

综合客运枢纽典型投融资模式比较一览表　　表6-3

典型模式	各交通方式投融资模式	枢纽公司投融资模式	广场公司投融资模式
优点	主体明确，利益清晰	统一开发、建设、运营	介于两者之间
缺点	界面复杂，协调复杂	筹备难，协调要求高	介于两者之间

(二)建设管理模式

综合客运枢纽建设管理模式的重点是处理协调机构、投资主体和建设管理单位之间的关系，通常包括投资主体自建、政府集中代建和总承包三种模式。

1. 投资主体自建模式

由各个投资主体分别对所投资的站房设施、配套设施进行组织建设和管理，同时由地方政府成立综合客运枢纽协调机构，对建设过程中的重大问题进行沟通协调。综合客运枢纽投资主体自建模式如图6-4所示。

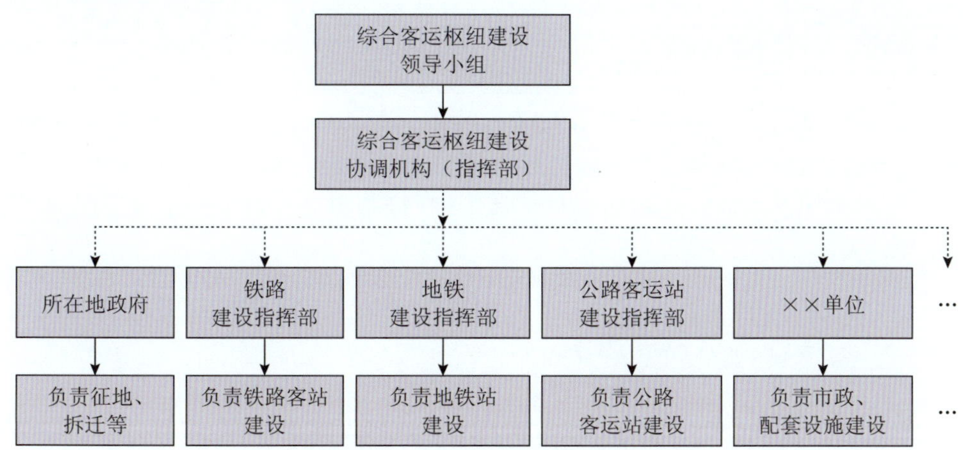

图6-4　综合客运枢纽投资主体自建模式

优点：这种模式分工明确、职责清晰，各部门的管理内容相对比较简单，能够发挥各个部门的专业特长和优势。

缺点：这种模式需要进行大量跨部门的沟通和协调，协调的工作量较大，协调的内容较多，难以保证整个综合客运枢纽工程的同步推进。

以南京铁路南站综合客运枢纽为例

南京市人民政府明确多个建设责任主体分别负责南京铁路南站综合客运枢纽相关配套设施的投资，如南京市交通运输局、地铁公司、铁投公司等各个主体职能较强，因此形成了较为松散的组织体系：交通运输局作为行业管理部门和实施部门，对集散道路和汽车客运站进行投资和实施；轨道交通公司则对枢纽内城市轨道交通进行投资和实施；铁投公司代表市政府负责其他设施的投资和实施。

2. 政府集中代建模式

由政府组建专门的建设管理机构（综合客运枢纽建设指挥部），统一对综合客运枢纽建设进行管理。综合客运枢纽政府代建模式如图 6-5 所示。

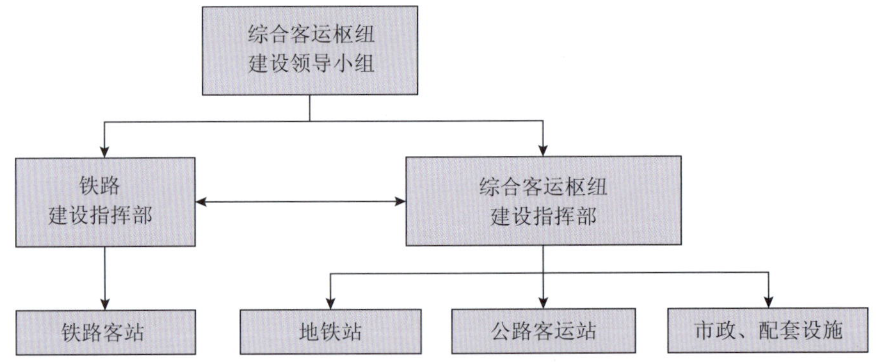

图 6-5 综合客运枢纽政府代建模式

优点：能够对地方所属枢纽设施进行统一管理，减少沟通协调层次，有利于加强和铁路站建设管理部门的合作，加强综合客运枢纽建设管理。

缺点：由于不同的枢纽设施投资责任主体不同，组建综合客运枢纽建设指挥部的前期筹备工作难度较大。

以无锡铁路站综合客运枢纽为例

无锡市交通投资公司作为责任主体，负责无锡铁路站综合客运枢纽所有设施的投资和建设，并统一运作枢纽的规划、设计和实施。

3. 总承包模式

由综合客运枢纽涉及的各个业主通过联合招投标，择优选定工程总承包商，与之签订一揽子合同，实行总承包。综合客运枢纽总承包模式如图 6-6 所示。

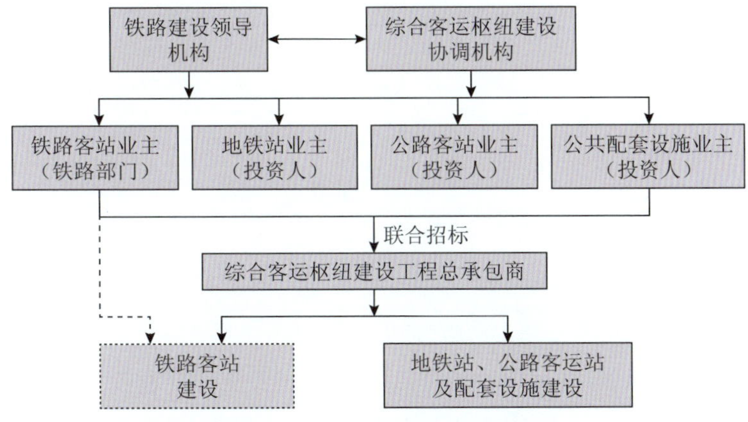

图 6-6 综合客运枢纽总承包模式

优点：能够较好做到对综合客运枢纽进行统一规划、统一设计、统一建设管理，在上海南站综合客运枢纽建设中，即采用了这种建设管理模式，取得了良好的效果。

缺点：前期筹备工作难度较大。

以上海铁路南站综合客运枢纽为例

上海铁路南站工程建立了南站建设领导小组、南站建设指挥部、施工采用总承包部的三级管理体制。领导小组协调解决重大建设难题，制订工程建设目标；建设指挥部总体协调工程计划、进度，解决工程建设中的重大问题；工程总承包部负责具体施工组织和协调。

综合客运枢纽建设管理模式比较见表 6-4。

综合客运枢纽建设管理模式比较一览表　　表 6-4

典型模式	投资主体自建模式	政府集中代建模式	总承包模式
优点	分工明确、职责清晰	减少沟通，加强管理	统一规划、设计、建设
缺点	协调、沟通要求高	筹备工作难度大	筹备工作难度大

各地应综合考虑上述因素，因地制宜地选择适合自身的项目建设管理模式，并加强领导协调机构对项目建设的组织管理和协调沟通。对于规模大、协调关系多的项目，建议地方政府与铁路、航空等部门共同协调，采用联合总承包的方式进行建设。在与相关部门沟通、协调比较困难的情况下，建议有条件的市、县尽可能将地方负责配套工程项目进行统一建设，具体可采用政府集中代建的模式，成立指挥部统一负责地方配套设施的建设。

第七章 运营管理

综合客运枢纽是一个多方利益交叉的系统，不仅包括各交通方式运营主体及相关的利益链条上的有关部门，还包括穿插于整个运营过程的各参与者之间的利益关系。因此，建立一个综合性的，超越于各交通方式行业管理部门之外的协调性管理机构，是综合客运枢纽运营管理模式的取向，也是对各构成主体进行统一综合管理的必要要求。同时，在此机构管理下，要成立一个对枢纽地区实施综合管理的执法机构，并建立综合客运枢纽安全应急管理预案及流程。

一、运营管理内容

综合客运枢纽的运营管理就是对枢纽运营过程中计划、组织、实施和控制等各项管理工作的总称，具体包括车流和客流组织、信息发布、安全应急、设备维护、治安管理等多方面的内容，是一项复杂的系统工程。

二、运营管理特点和要求

（一）运营管理特点

1. 运营管理内容

综合客运枢纽的运营管理涵盖了多种运输方式的组合，涉及各方式的经营主体在运输组织过程中的协调，管理的内容涉及综合行政执法、客运场站运营、公共设施维护、突发事件应急等。

从枢纽设施运营管理的角度来看，包括场站设施管理、公共设施管理、商业服务设施管理三大类；从公共事务管理的角度来看，包括交通运输管理、税务、工商、公安、文化、卫生、建设规划、市容绿化、城管执法等方面；从交通运输组织管理的角度来看，包括民航、铁路、公路、城市道路公共交通、城市轨道交通等方面。具体如图 7-1 所示。

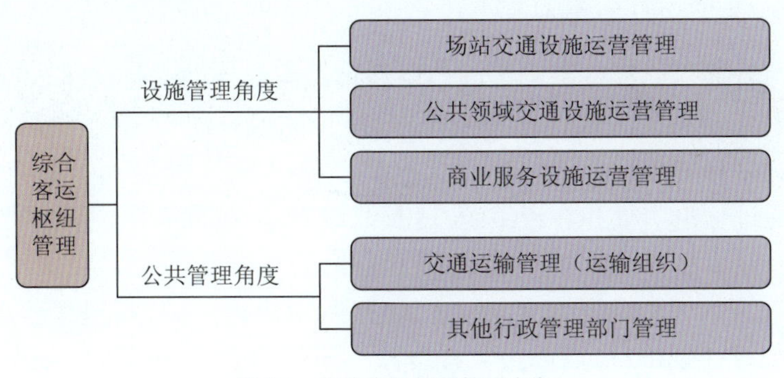

图 7-1 综合客运枢纽管理内容

2. 运营管理界面

由于综合客运枢纽运营管理的内容多，管理界面复杂，为此将综合客运枢纽设施根据可经营性和可拆分性进行界面划分。按照公共产品理论，对于可拆分、专业性强的枢纽设施，主要考虑拆分由不同的运营管理主体进行管理；而对于不可拆分的枢纽设施，由于运营界面模糊，管理主体不清晰，则应成立统一的管理机构统一管理，协调运营。

3. 运营管理主体

由于综合客运枢纽地区管理范围的扩大，枢纽地区的公共管理包含交通运输、铁路、税务、工商、公安、文化、卫生、建设规划、城市管理等多个行政管理部门；并涉及铁路、公路、公共汽车、城市轨道、出租车等多个场站运营管理企业和商业服务经营企业，枢纽运营呈现出显著的管理主体分散化特征。

（二）运营管理要求

综合客运枢纽运营管理的目标就是坚持以人为本的服务理念，从旅客的需求出发，为旅客出行提供相应的服务，保障服务目标的实现。具体可以细分为换乘服务、信息服务、票务服务和综合服务。综合客运枢纽旅客服务目标框架如图 7-2 所示。

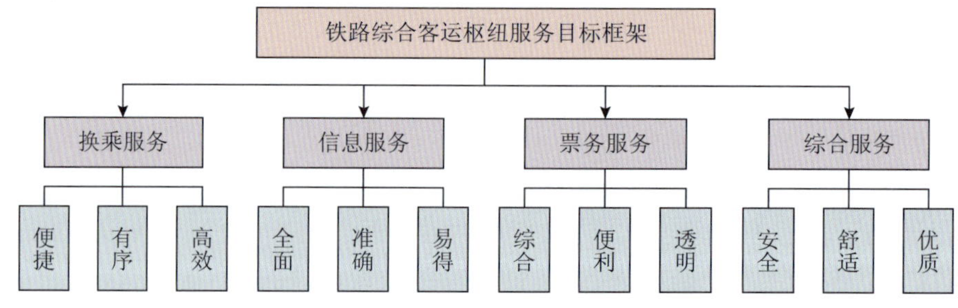

图 7-2　综合客运枢纽旅客服务目标框架图

1. 换乘服务“便捷、有序、高效”

便捷，要求综合客运枢纽在基础设施布局和换乘组织方面进行优化，以最短的换乘时间（包括等待时间和步行时间）、最优的换乘距离、最少的换乘次数、完备的换乘设施及清晰的换乘标志实现便捷的换乘目标。

有序，要求通过信息引导和客流组织，达到流线有序、导向有序，引导旅客在综合客运枢纽内部有序流动，减少移动过程中的摩擦，提升枢纽的运转效率。

高效，要求综合客运枢纽不同运输方式运营组织协调一致，实现运营组织上的有效衔接，使旅客能够统筹计划出行过程，最大程度减小不同方式之间转换的候车等待时间，达到顺畅衔接的目的。

2. 信息服务“全面、准确、易得”

全面，要求综合客运枢纽提供的信息具有全面性和综合性，实现不同管理部门之间信息共享与综合管理，达到枢纽运营信息的综合发布。

准确，要求综合客运枢纽提供的信息具有高度的准确性，做到信息内容准确、引导标志清晰、规范和更新信息及时三个方面的要求，发布的各类信息准确度应达到100%。

易得，要求信息提供方式多样、获取便捷；信息发布频率合理、更新及时；信息表现形式清晰、易懂、具有连续性。

3. 票务服务“综合、便利、透明”

综合，要求减少旅客在不同交通方式功能区之间的换乘购票流动，对于特大型、大型综合枢纽提供票务查询、购买的综合服务，不同交通方式换乘的票价优惠服务。

便利，要求提供便利的自动售票系统和传统的窗口售票系统，提高综合枢纽整体的购票效率。

透明，要求实时公布余票和票价信息，为旅客提供一个公开透明的售票环境。

4. 综合服务“安全、舒适、优质”

安全，要求达到设施使用安全高效，防范机制应急长效，千方百计保证旅客的安全。

舒适，要求不断改善车站的各项服务设施和环境，最大限度地满足旅客对换乘、售票、候车等环节的人性化服务要求。

优质，要求综合客运枢纽的配套商业服务应提供安全、优质的管理和服务，确保枢纽内外的环境优美。

三、运营管理模式

从运营者和设施管理角度出发，综合客运枢纽运营管理可以分为独立式、协调式、集成式、一体化四种运营管理模式。

（一）独立式运营管理模式

各交通方式对应的场站设施，总体上按行业管理部门权限进行独立管理，如图7-3所示。委托物业管理公司负责整个枢纽公共区域的维护、保洁、物业、资产管理等事务，将枢纽公共区所有权与经营权分离，实现市场化运作。考虑整个枢纽的运营需要综合协调，由此成立由枢纽各相关经营主体和政府相关部门组成的地方政府管理委员会。管委会在枢纽设立办公室，对枢纽的日常营运管理进行协调。同时，管委会通过定期召开各相关部门参加的联席会议，对重大情况进行决策和协调。

优点：各主体管理空间范围明确；通过地方政府管理委员对各主体间采用联席会议制

度进行协调管理，加强对枢纽区域的行业和市场监管，促进枢纽的综合管理和服务水平的提升。

缺点：各运营主体间主要靠管理委员会利用行政手段促进协调，相互间难以密切联动，相对松散，信息共享度不高，应急联动反应能力有限；公共区域内的资源利用效益不高。

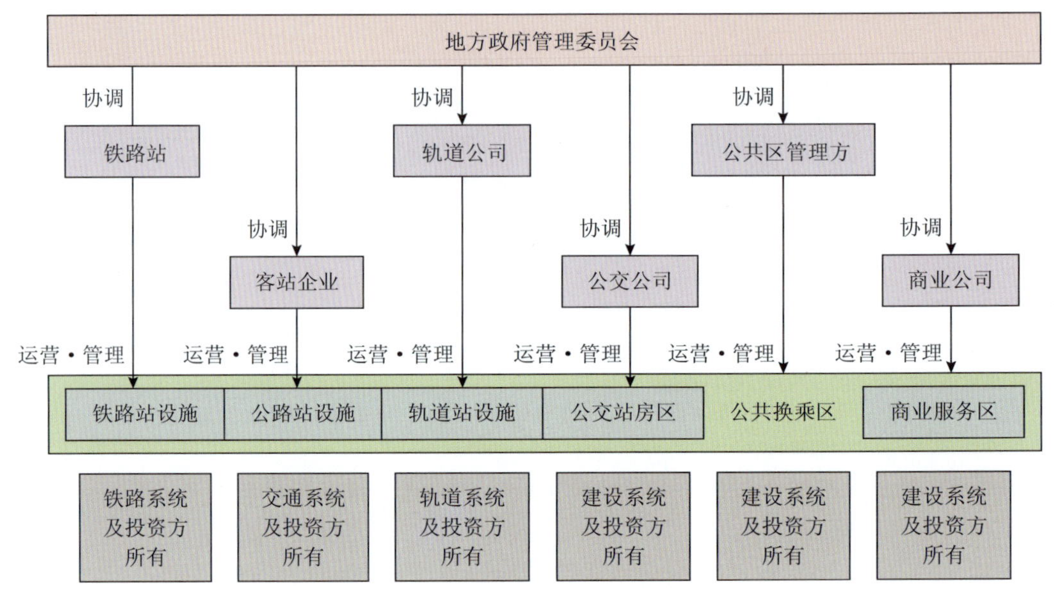

图 7-3 综合客运枢纽独立式运营管理模式

（二）协调式运营管理模式

这是铁路政企分离、按现代企业运营后的一种管理模式，如图 7-4 所示。总体上，整个枢纽全部公司化经营，由设立的枢纽综合管理公司牵头，各公司间建立起密切的日常运营和重大情况的协调机制。各交通方式对应的场站设施，总体上按行业管理部门权限进行独立式管理。同时设立的枢纽综合管理公司，负责对包含出租车候发区、社会车停车场等在内的公共换乘区进行管理，以及对枢纽内商业资源进行统一的开发、挖掘和分包经营。枢纽综合管理公司不仅担负枢纽公共区的维护、保洁、物业、资产管理等事务，同时担负起整个枢纽内部各个公司之间的协调任务，各公司间按商业化模式进行相互协调，共同实现枢纽的协调、高效、安全管理。

优点：政企分离、市场化管理程度有所提高；各运营主体责权利划分明确，管辖范围及资产管理明晰；枢纽综合管理公司可调动公共区域资源，有利于促进与其他运营主体的协调。通过经济手段可以提升运营信息在各交通方式场站间共享。

缺点：日常管理中政府对枢纽区域的行业和市场的监管弱化，行政协调能力不强，各运营主体相互间相对松散，枢纽综合管理公司与各运营主体的协调难度较大，应急联动反应能力不强。

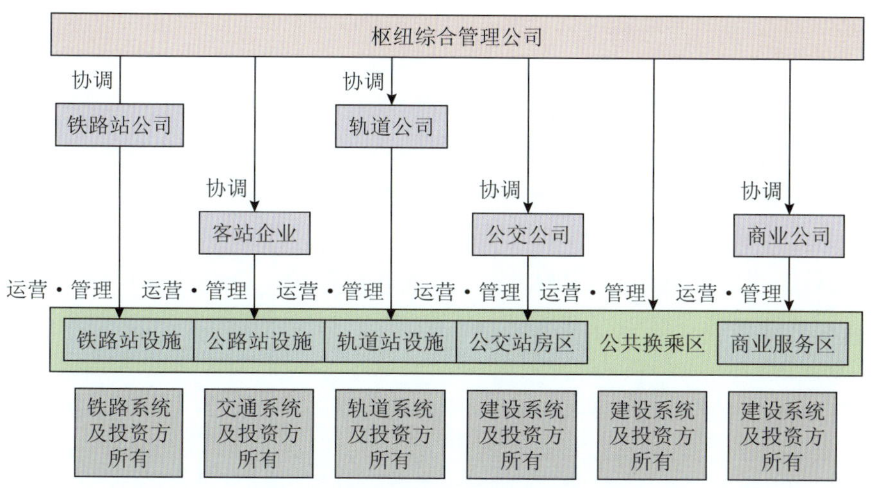

图 7-4 综合客运枢纽协调式运营管理模式

(三)集成式运营管理模式

这是政企分离、按现代企业运营的另一种管理模式,如图 7-5 所示。与协调式相比,不同的是,枢纽综合管理公司合并了公交公司和公路客站公司。在这种管理模式下,枢纽综合管理公司对除铁路站(机场)、城市轨道站外的其他区域资源进行统筹经营管理,担负起与公路客运公司、公交公司和出租车公司等的协调事务,减少内部摩擦。总体上,由于枢纽综合管理公司经营了更多的资源,其资金运作能力、协调组织能力都将比协调式运营管理模式要强,枢纽内部的管理更加集成化。

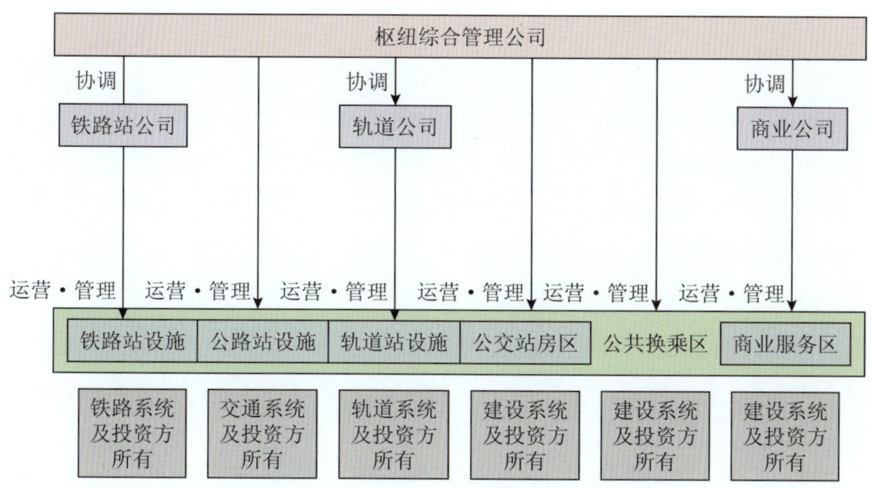

图 7-5 综合客运枢纽集成式运营管理模式

优点:政企分离、市场化程度较高;枢纽管理主体仅有三方,相互协调度改善较多;运营信息共享度较高、应急反应协调度较高。

缺点：日常管理中政府监管监控弱化，行政协调能力不强。

（四）一体化运营管理模式

这是政企分离、按现代企业运营后市场经济高度发达阶段的一种管理模式，如图 7-6 所示。在这种模式下，除铁路场站（机场）、城市轨道（车场、站台）这两个区域跟运营密切相关、难以分割外，其他的枢纽区域同归枢纽综合管理公司管理。枢纽综合管理公司担负起枢纽内的一切运营事务及与各交通方式间的运营协调，并对整个枢纽空间资源进行优化统筹管理，发挥最大效益。

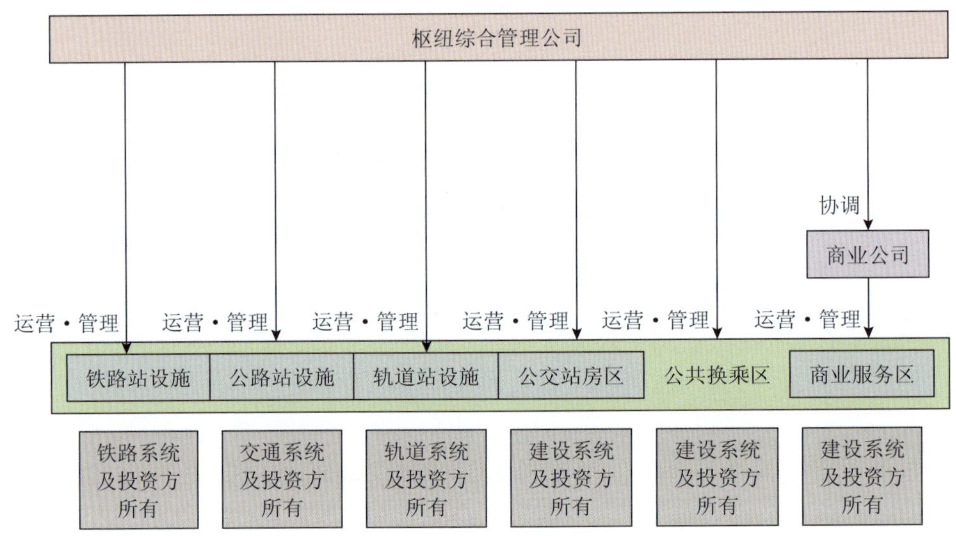

图 7-6 综合客运枢纽一体化运营管理模式

优点：高度市场化；管理主体仅为一家，责权利明晰，内部设施资源可优化整合配置，提高经济效益；运营信息在各交通方式场站间达到共享，应急反应协调度高。

缺点：日常管理中政府监管监控弱化，行政协调能力不强；当前管理体制下难以实施。

以上四种运营管理模式，各有特点。按照责权利相称原理，对这四种模式逐一进行分析，比较优缺点，具体见表 7-1。

综合客运枢纽运营管理模式比较一览表　　表 7-1

项目 / 典型模式	独立式运营管理模式	协调式运营管理模式	集成式运营管理模式	一体化运营管理模式
体制适应性	*****	****	***	*
服务质量	**	***	****	*****
综合效益	**	***	****	*****
信息共享度	**	***	****	*****
安全应急	**	***	****	*****

注：此处以 * 的数量表示优劣程度，* 越多，优点越明显。

以沪宁城际铁路沿线综合客运枢纽为例

沪宁城际铁路沿线综合客运枢纽地区运营管理总体上都采用“统一管理、分块运营”的模式，按照不同区域的职能分工分为公共区域管理、场站管理和综合管理（含治安）三大块。公共区域管理包括商业管理和公共区域管理两个部分；场站管理包括公路、公交、出租车、地铁等各自区域管理；综合管理（含治安）一般都由公安牵头，交通、城管等有关部门参与，各部门派驻人员组成综合管理机构。沪宁城际铁路沿线综合客运枢纽运营管理模式如表 7-2 所示。

沪宁城际铁路沿线综合客运枢纽运营管理模式　表 7-2

综合客运枢纽	运营管理模式						
	公共区域管理	各自区域管理					综合管理（含治安）
		汽车客运站	公交	出租车	地铁	铁路	
南京铁路南站	—	南京汽车客运南站有限公司	公交公司	市客管处和江宁区交通局	地铁公司	铁路部门	南京铁路南站综合管理办公室
镇江铁路站	新港公司	江天汽运集团	公交总公司	市客管处	—	铁路部门	综合管理办公室
常州铁路站	客运中心管理公司	公路运输集团	公交集团	市客管处	—	铁路部门	联合执法办公室
无锡铁路站	运营管理公司	客运公司	公交公司	市客管处	地铁公司	铁路部门	铁路站地区管理处
苏州铁路站	城投公司委托	苏汽集团	场站公司	市客管处	地铁公司	铁路部门	综合治理办公室

目前，综合客运枢纽的运营管理总体上呈现由分方式自我管理向提供综合交通服务转变，各地政府要根据各自交通运输管理体制内部政企分离的实际情况、部门协调组织能力以及市场化程度等各种因素，因地制宜，以服务运输为导向，充分利用综合客运枢纽的“物理集中”，促进整个枢纽的“信息集中”和“管理集中”，实现协调、高效、优质、安全的运营管理，真正发挥枢纽的整体优势和效能。

四、运营管理方案

针对运营管理要求，结合运营管理模式，逐一介绍综合客运枢纽的站内交通、安全应急、综合开发、财务补贴的管理方案。

（一）站内交通管理方案

枢纽内部各组成部分（机场航站楼、铁路站房、公路客运站房、地铁站等）的内部交通由各自管理，在公共换乘空间和停车场的客流由物业管理公司或枢纽管理委员会负责管理。

对于突发情况下的交通管理，由枢纽管理委员会统一协调各组成部分的交通组织，做到衔接迅速、安全。

枢纽管理委员会主要管理内容包括接运能力协调配置、交通组织、运营维护管理等，具体内容如下：

1. 接运能力协调配置

根据枢纽的客流集散量，合理安排公交首末站、公交中途停靠站、出租车停靠站等枢纽配套设施的线路条数和班次，并根据客流集散的时间分布，合理安排公交车、出租车等配套设施的首末班时间、发车频率等。

2. 交通组织管理

负责枢纽内部车流和人流的交通组织，使得人流和车流的行驶路线严格分开，客流在枢纽有限空间内能够进行交换，不发生滞留和过分拥挤，同时满足换乘客流的方便性、安全性和舒适性。

3. 运营维护管理

对枢纽站内配套交通进行日常运营维护，严禁各种社会车辆在枢纽内部任意停留、载客；监督以枢纽为首末站的公交车辆准时发车；对地铁出入口的拥挤客流进行及时疏散；等。

（二）安全应急管理方案

1. 安全应急管理委员会

设立枢纽安全应急管理委员会，政府相关部门，轨道交通主管领导，民防办主管领导，民航、铁路主管领导及其他相关单位主管领导任管委会委员。下有两个常设机构，一是委员会办公室，主要处理日常、小范围的安全管理，当遇到一些比较重大的事情，就提交到安全应急管理委员会；二是应急管理专家组，主要提供日常危机管理理论研究和技术支持。应急时候，应急管理委员会可以自动转为应急处置指挥部，统一领导应急管理工作，对各种突发事件的预防和处置进行指导、组织与协调，并将各种专业管理机构，如消防、警察、医疗卫生机构、专业救援队等统一纳入其领导框架。

2. 安全应急管理中心

在管理委员会的领导下，安全应急管理中心具体实施操作。安全应急管理中心是常设的综合管理和协调机构，主要负责处理日常应急事务；收集分析信息；制订整个枢纽应急计划；组织应急培训、演习、宣传、教育；具体协调上下级政府专业部门、城市政府应急部门和各个单位之间的关系，以保证应急响应过程中各个部门相互配合、协调行动。综合客运枢纽安全应急管理中心主要职责如图 7-7 所示。

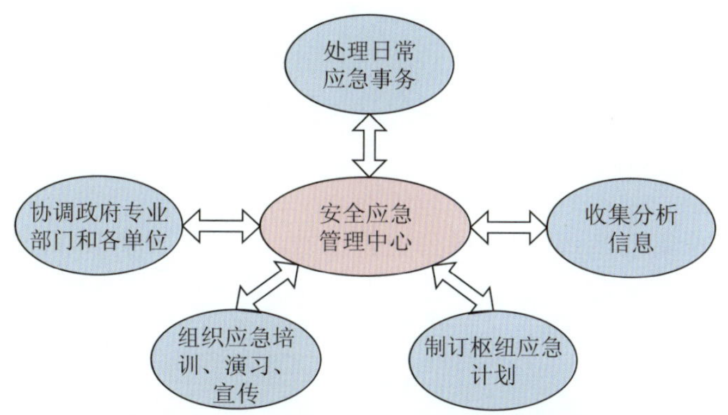

图 7-7　综合客运枢纽安全应急管理中心主要职责

在枢纽范围内，打破部门分割、条块分割，通过制订应急预案、签订协议、编制应急资源目录等方式，明确各部门、各单位应急救援的职责。一旦发生重大突发事件，枢纽应急指挥部门和现场指挥部可以就近调度使用各种力量、设施、装备，相关部门和单位不论归属等级，都有责任和义务提供相应的支援和协作。

3. 安全应急管理平台及其处理流程

综合客运枢纽的日常监测与联动支持系统进行突发事件检测，一旦察觉到突发事件发生的可能性，应急管理平台的预案生成和管理系统即刻发出警报，由管理人员确定后执行预案，包括消防系统的警示、紧急广播、动态信息发布等，确保枢纽内客流的安全性。综合客运枢纽安全应急管理平台及处理流程如图 7-8 所示。

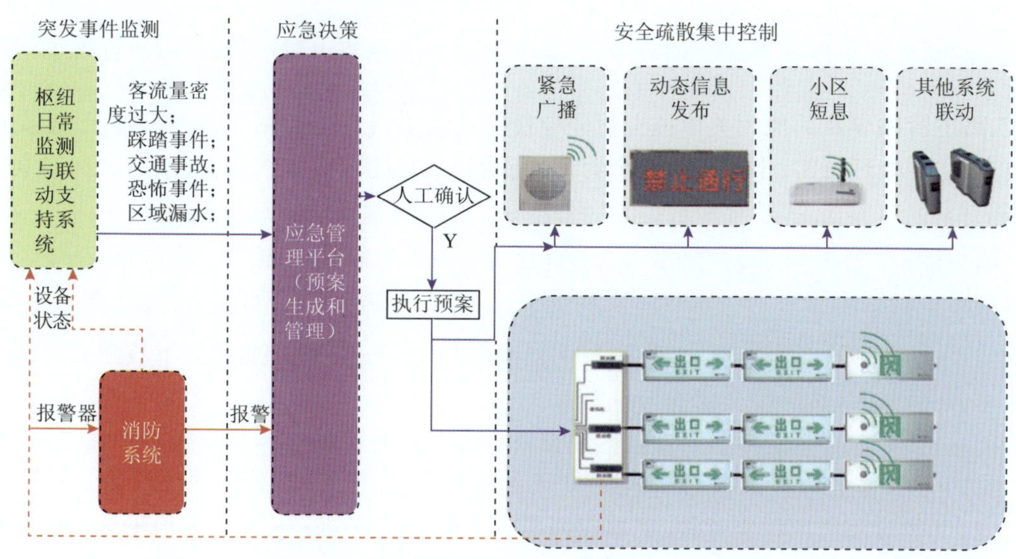

图 7-8　综合客运枢纽安全应急管理平台及处理流程

（三）综合开发管理方案

综合客运枢纽项目涵盖了民航、铁路、轨道交通、商业开发、枢纽配套、市政工程等子项目。枢纽项目中，属于商业开发类的项目，可以通过招商引资，交给企业去开发、经营管理；属于市政工程类的项目，交由相关政府部门进行管理；不同交通运输工具的性质各异，也需要由独立的专业运营商去运营；其余部分可由综合交通枢纽运营单位进行管理。

通过图 7-9 可以归纳如下运营管理范围：

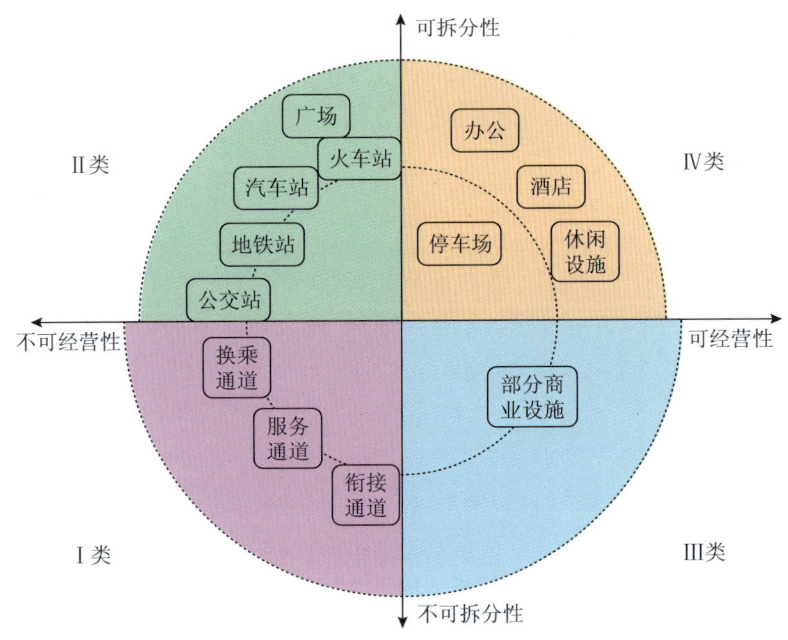

图 7-9　综合客运枢纽设施属性

Ⅰ类设施提供枢纽设施的相关服务，是枢纽服务的重要组成部分，设施运行维护的责任主体是枢纽管理公司，也可以委托专业单位维护管理，目标就是为使用者提供一流的服务。

Ⅱ类设施主要是几大车站核心设施，应委托给地铁公司、城际公司、轻轨公司、普铁公司进行专业化管理；也可以通过捆绑一部分可经营性设施或补贴的方式，交由社会投资者开发建设，再委托专业化管理，基本目标就是要求各专业单位作为运行主体，提供一流服务。

Ⅲ设施可以出售经营权，或作为收益性资源捆绑到车站设施中一起进行开发建设。

Ⅳ类设施原则上全部交由社会投资者开发，或作为收益性资源捆绑到车站设施中由社会投资者投资开发。枢纽周边可供开发的土地，原则上先统一规划、建好市政配套设施（即把生地做成熟地），然后再交由社会投资者开发。

因此，整个综合客运枢纽开发过程的投资平衡关系为：

（1）Ⅰ类设施是枢纽的核心功能设施，不具有经营性，没有收益。

（2）Ⅱ类设施经出售经营权，能够获得一部分收益。这部分收益主要用于平衡枢纽设施建成后的运行管理费用。

（3）Ⅲ类设施可以获得特许经营费，以及开发商每年所交的公用设施维护管理费。这部分收益用来偿还枢纽设施的投资费用，以及平衡枢纽设施的运行管理费用。

（4）Ⅳ类设施可供开发土地的批租收益，可用于平衡市政配套设施的投资和维护费用、平衡土地（含铁路用地）的拆迁费用、提供开发利益（偿还资本金、开发权益）等。

（5）对于剩下的收益，则主要用于偿还政府投资的资本金，并返还开发权益。

（四）财务补贴管理方案

综合客运枢纽属于准公共产品，承担收入再分配的功能，并且盈利能力较差，枢纽投资目前主要以政府投资为主。在当前体制机制下，铁路系统直接对铁路车站进行独立投资建设和运营，配套的其他设施如长途客车、公交、地铁、出租车等由地方政府筹资建设和运营。对于这些地方配套设施，政府需要通过财政补贴，减少运营方的亏损程度，才能提高运营方的积极性。提高综合客运枢纽的运营管理水平和服务水平。根据案例总结，财政补贴的主要方案有以下三种：

1. 将部分税收作为财政补贴资助给运营方

国家财政收入最主要的形式为税收收入，地方政府将部分税收作为财政补贴反馈给枢纽运营方。这部分税收收入可以是个人所得税，也可以是枢纽内部和周边土地开发的税收或租金等。

另外，政府还可以通过对枢纽内长途客车、公交、地铁等车票免税的形式资助运营方。

2. 通过“以奖代补”的形式资助运营方

一方面，地方政府对运营方承诺，只要运营方在规定时期内提交给政府部门相关的数据信息（包括信息联网的程度、数据信息提供的配合度），或运营方在规定时间内乘客伤亡率在控制范围内等，实行奖励。

另一方面，地方政府也可根据各运营方提供的数据信息量、乘客伤亡率的等级，分级别对运营方进行奖励，促进运营方工作积极性。

3. 以参股形式与运营方共同投资管理

政府以入股的形式参与枢纽运营管理，共同承担盈亏，在不降低枢纽服务水平的前提下，减少运营方的压力。

第八章 常州铁路站综合客运枢纽规划建设案例

一、项目总体概况

（一）枢纽区位

常州铁路站综合客运枢纽位于常州市城市核心区的东北部，其地理位置正好位于城市南北向轴线的北端点，东西向轴线的中点，是整个城市“拓展南北、沟通东西、提升中心”的焦点所在。常州铁路站综合客运枢纽区位示意图如图 8-1 所示。

图 8-1 常州铁路站综合客运枢纽区位示意图

（二）枢纽组成

常州铁路站综合客运枢纽集各种交通方式于一体，设有铁路常州站（普铁站、城际站）、长途汽车客运站、轨道交通一号线车站（预留）、公交站场（含 BRT 支线）、社会停车场、出租车停靠站等。近年来，在原有沪宁铁路常州站（枢纽南广场）的基础上，新建枢纽北广场客运中心（含城际铁路站房、长途汽车客运站、轨道交通一号线车站、公交、社会车、出租车车场等）。

北广场客运中心占地面积约 14.67 万 m^2，以城际铁路常州站为核心，采用“U”形空间布局，建设了 7 万多平方米的长途客运中心、近 1.5 万 m^2 的公交站场用房、5 万多平方米的地下公共停车场等，广场景观则超过 5 万 m^2，整个建筑群简洁大气、通透流畅。客运中心 2009 年 3 月开工建设，2010 年 7 月与沪宁城际铁路同步投入运营。常州铁路站综合客运枢纽北广场客运中心如图 8-2 所示。

图 8-2　常州铁路站综合客运枢纽北广场客运中心鸟瞰图

（三）枢纽定位

常州铁路站综合客运枢纽作为一个城市的地标性综合体，既发挥了基本的交通功能，也引导着城市的开发。

首先，枢纽汇聚了铁路、公路、地铁（预留）、城市公交、城乡公交、出租及社会车等众多交通资源，从而方便地实现了区域换乘、城乡换乘和城市内外换乘几大功能。依托沪宁城际高铁和沪宁普铁，以及与长途客运站、公交站、出租车的无缝换乘，使其成为常州市，乃至苏锡常都市圈的重要对外综合客运枢纽；通过便捷的换乘平台和以人为本的设计理念，使城市公交和城乡公交实现了有机衔接，也成了常州市城乡公交和城市公交实现零换乘的重要客运枢纽。

其次，北广场客运中心主体工程分二期实施，其中一期为客运及综合配套系统工程，二期为周边商业待开发地块。通过客运系统的建设，枢纽已经集聚了高度的人气，并充分发挥了聚集效应和规模效应，逐步成为城市开发的“引擎”，城市功能的“催化剂”，引导着城市多功能的开发建设，实现着对城市环境的改善和空间结构的调整。

（四）集疏运道路

常州铁路站综合客运枢纽为集多种换乘功能于一体的大型现代化铁路综合交通枢纽，其主要规划区域为北起飞龙路、南至武青路、东起竹林路、西至永宁路，约 200 万 m^2 用地范围内。常州铁路站综合客运枢纽用地范围如图 8-3 所示。

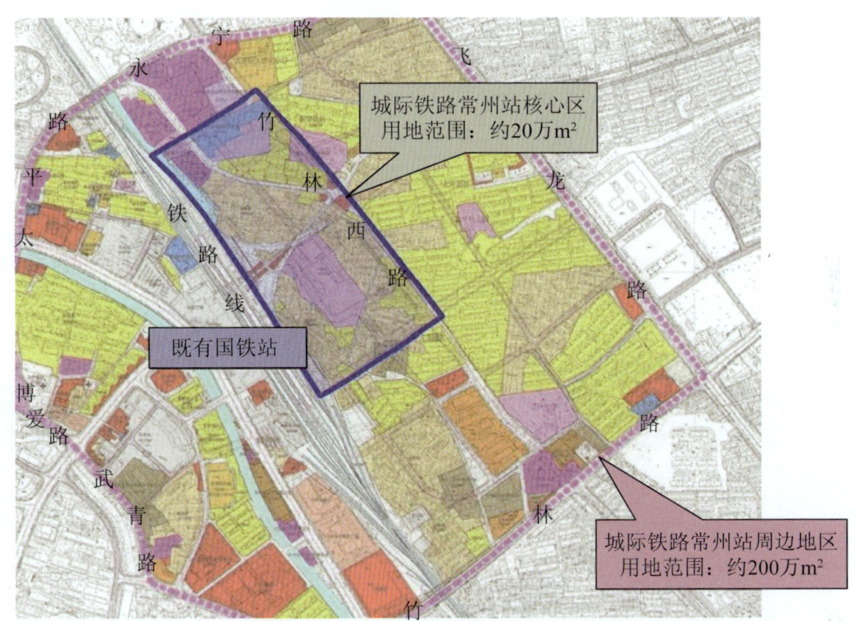

图 8-3 常州铁路站综合客运枢纽用地范围图

北广场客运中心位于原常州铁路站的北侧（约 20 万 m^2 范围内），拥有良好的集疏运条件：区域交通方式有普铁、沪宁城际铁路、长途汽车客运站；城市交通方式有城市轨道交通（预留）、BRT（支线）、城市公交等。

众多的集疏运设施为枢纽提供了良好的对外集散条件，通过枢纽周边的四条快速路，并与城市的其他快速路、主干道及次干道连接，组成了便捷通畅的骨架路网格局。

（五）结构布局

1. 从平面来看

从平面来看，北广场客运中心的功能布置主要分为三大板块和四大交通功能。

一是构建地面交通枢纽区，包括铁路正线以北 1.5 万 m^2 的铁路站屋，8 万 m^2 的长途汽车客运站，公交站场和社会车辆停放场等交通设施。

二是构建地面建设与交通枢纽站相配套的站前广场和商贸中心。

三是建设与地面交通相衔接的地下轨道交通设施预留工程及其配套的地下空间开发。

常州铁路站综合客运枢纽总体布置图如图 8-4 ～图 8-5 所示。

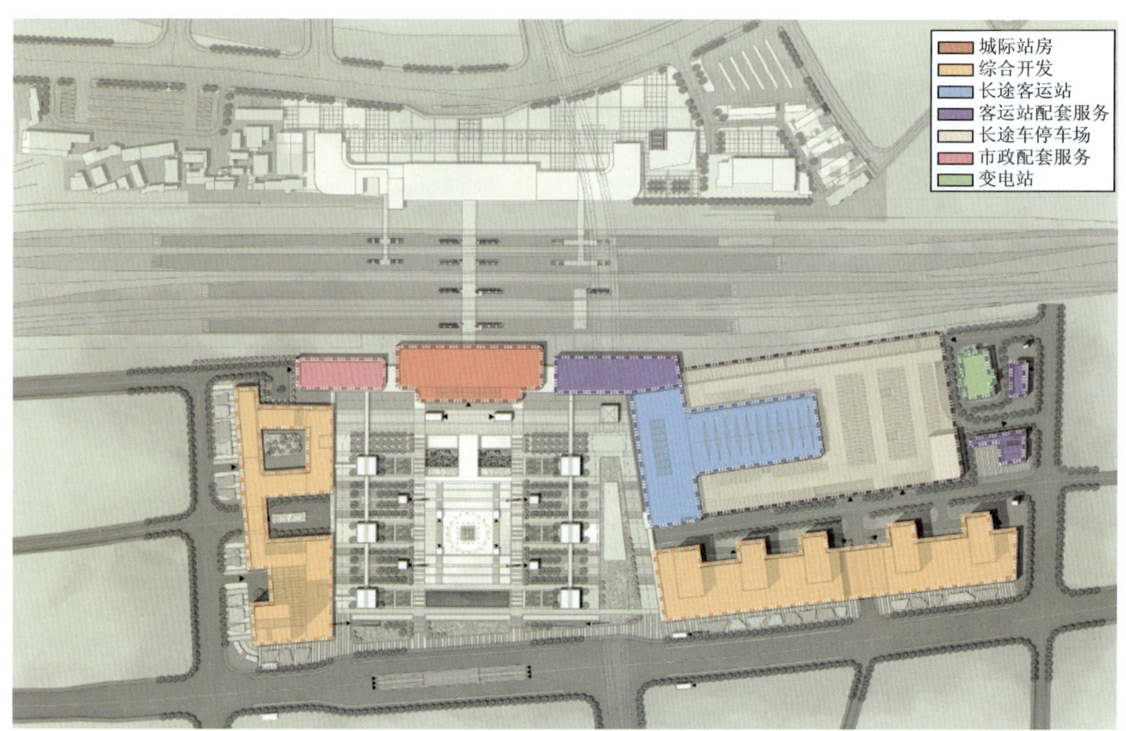

图 8-4　常州铁路站综合客运枢纽总体布置图(一)

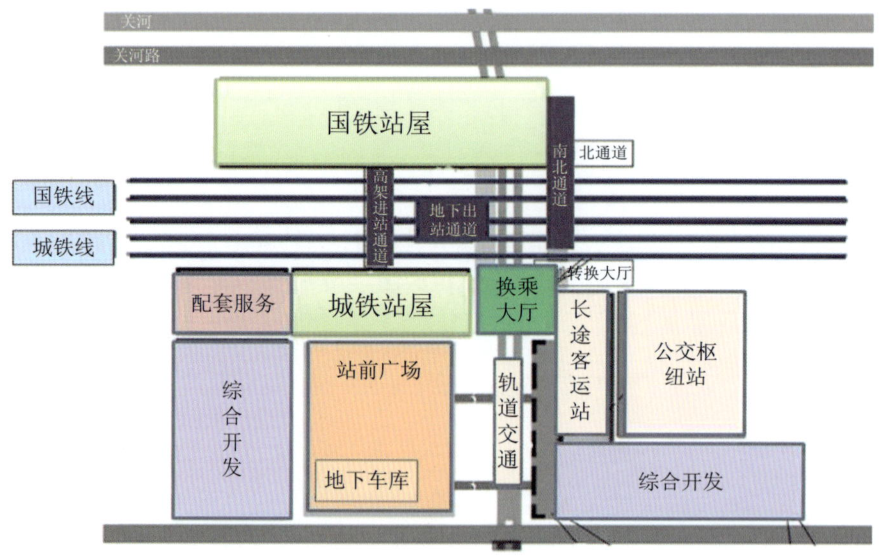

图 8-5　常州铁路站综合客运枢纽总体布置图(二)

南场站与北场站分立铁路两侧，国铁站和部分公交站位于南场站，城铁站位于北场站，南北场站通过地下通道对接。

城铁站：站屋总建筑面积 9860m^2。

长途客运站：总建筑面积 80223m^2，二层平台提供 234 个长途汽车候车泊位和 30 个长途汽车发车泊位；长途汽车下客区可保证 12 辆长途汽车同时下客。

公交枢纽：用地面积 14707m^2（6 个站台，满足 10 条普线和 2 条 BRT 支线的交通要求）。

出租车和社会车：车辆下客区可保证 10 辆出租车及社会车辆同时下客，社会车辆停车库约有 357 个机动车泊位，长途汽车客运站地下机动车停车库拥有 344 个机动车泊位；出租车上客区可保证 10 辆出租车同时上客，上客出租车候车区可保证 100 辆出租车同时候车。

2. 从立体来看

从立体来看，北广场客运中心的功能主要分为地上和地下两大块，如图 8-6 ~图 8-7 所示。

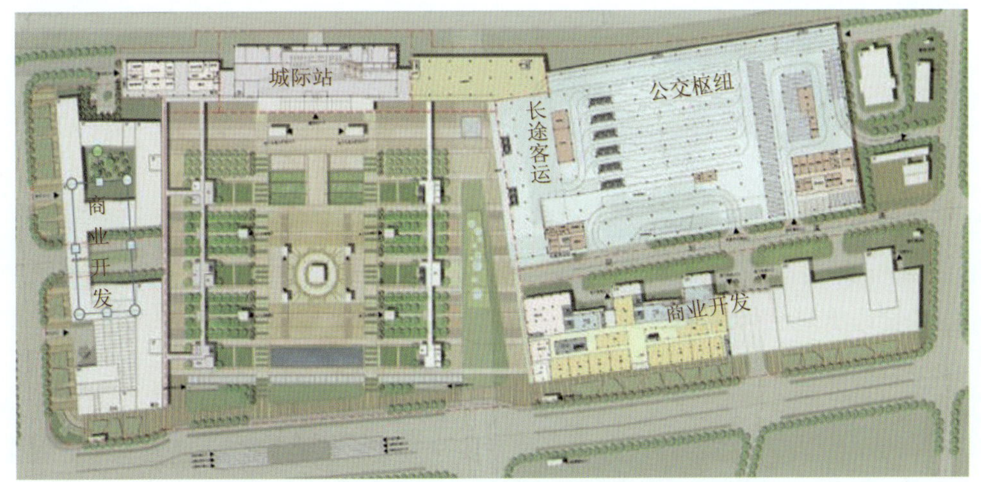

图 8-6　常州铁路站综合客运枢纽北广场地面一层功能区划

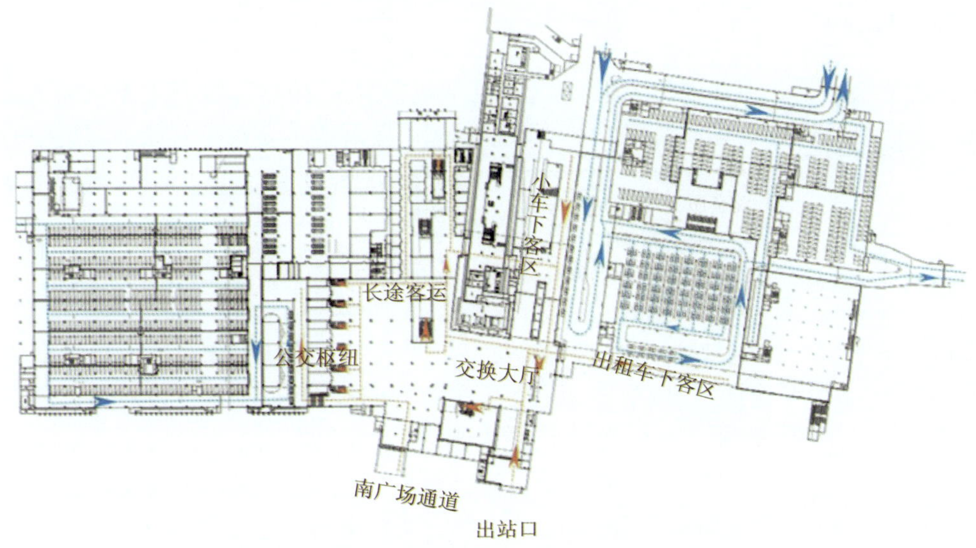

图 8-7　常州铁路站综合客运枢纽北广场地下一层功能区划

（1）地上功能以城际站屋和站前广场为核心进行功能划分。站前广场东侧为四层配套办公区；西侧布置四层长途客运站。长途客运站西侧临广场设置长途汽车下客区和商务办公楼。临铁路设置公交枢纽，长途汽车发车区和候车区设于长途客运站西侧二层平台。

（2）地下功能区划：交通转换大厅紧邻城际铁路出站检票区和地下通道设置，以交通转换大厅和轨道交通站厅为界，东侧为出租车与社会车辆下客区、社会车辆停车区、非机动车停车区，西侧为长途客运站地下功能区和社会车辆下客区、社会车辆停车区、非机动车停车区。

二、项目建设流程

（一）规划设计阶段

1. 概念规划设计

2006 年，由常州市规划局组织开展枢纽及周边地区城市概念性规划设计，邀请了国内外五家知名设计单位，围绕交通组织、空间利用、城市设计等进行了系列专题研究，初步形成枢纽及周边地区概念性规划设计方案。

在概念规划的基础上，常州市规划局组织了“沪宁城际铁路常州站核心区修建性详细规划招投标”，明确在中标单位的设计方案上进行深化完善。在对规划研究方案进行深化基础上，进一步与铁路部门沟通协调，并征求各有关方面与专家意见后，最终形成了枢纽布局方案。

2. 项目建议书

项目建议书由行业主管部门上报，常州市交通运输局于 2008 年 9 月上报《关于报批常州市城市综合交通枢纽工程项目建议书的请示》，《市发展改革委关于常州市客运中心及综合配套系统工程项目建议的批复》（常发改〔2008〕356 号）明确了枢纽位置、规划用地面积及主要的建设内容。

3. 项目可行性研究报告

2008 年 6 月，常州市规划局委托咨询单位开展工程可行性研究报告。开展了交通量预测分析、工程方案概略设计、投资估算和资金筹措等，并在广泛征求地方政府各部门及周边群众意见的基础上，于 2008 年 9 月完成了工程可行性研究报告。

常州市交通运输局于 2008 年 10 月报工程可行性研究报告，常州市发展和改革委员会常发改〔2008〕397 号文件《市发展改革委关于沪宁城轨常州站综合交通枢纽工程项目可行性研究报告的批复》给予批复。

常州铁路站综合客运枢纽规划设计主要阶段见表 8-1。

常州铁路站综合客运枢纽规划设计主要阶段概览 表 8-1

阶段名称	操作主体	操作形式	阶段成果
概念规划设计	常州市规划局	招投标	沪宁城际铁路常州站核心区修建性详细规划； 沪宁城际铁路常州站建筑方案
项目建议书	常州市交通运输局	市交通运输局报市发改委批复	《关于报批常州市城市综合交通枢纽工程项目建议书的请示》； 《市发展改革委关于常州市客运中心及综合配套系统工程项目建议的批复》（常发改〔2008〕356 号）
可行性研究	常州市规划局； 常州市交通运输局	市规划局委托编制； 市交通运输局报市发改委批复	《市发展改革委关于沪宁城轨常州站综合交通枢纽工程项目可行性研究报告的批复》
项目初步设计	常州市铁路建设指挥部办公室	市铁路办组织； 相关设计单位编制； 市发改委组织审查和批复	《关于沪宁城轨常州站综合交通枢纽工程（常州市客运中心及综合配套系统工程）初步设计的批复》（常发改〔2009〕190 号）
项目施工图设计	常州市铁路建设指挥部办公室	相关设计单位编制	

4. 项目初步设计

由常州市铁路建设指挥部办公室组织，由主体设计单位牵头，相关规划、市政、铁路等设计单位配合，联合编制了该项工程的初步设计及投资概算。

2009 年 5 月，常州市发展和改革委组织初步设计审查，并以《关于沪宁城轨常州站综合交通枢纽工程（常州市客运中心及综合配套系统工程）初步设计的批复》（常发改〔2009〕190 号）给予批复。

5. 项目施工图设计

由常州市铁路建设指挥部办公室组织，由主体建筑设计单位进行施工图设计。在完成详规（详细规划）的基础上，2009 年 3 月底完成北广场、长途客运站、公交站场地下空间及广场区域内的市政道路、管网施工图设计。2009 年 4 月底全面完成铁路站两侧模块及长途客运站、公交站场的施工图设计，同步完成广场区域智能系统、绿化景观、照明等设计。

（二）建设运营阶段

1. 建设阶段

由常州市铁路建设指挥部办公室组织施工建设招标，采取了公开招标和政府采购的招标方式。

工程采用 BT 建设模式，由建工集团进行总承包，其他公司进行专业分包。

工程自2009年3月开工，历时13个月，于2010年4月完工。

2. 运营阶段

城际铁路站于2010年6月试运营，7月1日正式通车运营；客运中心及其他相关配套设施于2010年6月25日正式投入运营。运营管理采用了“统一协调，分块运营”的模式，常州交通投资产业集团组织成立的常州市客运中心管理有限公司统一负责综合交通枢纽内部的保洁、安保、设施维护等物业管理以及公共区域的商业管理等，其余由常州公共交通集团有限公司、常州常运集团有限公司等单位分块运营管理。

三、项目建设特点

（一）规划设计特点

1. 立体化换乘模式

枢纽采用“地上地下一体化”立体换乘模式，乘客通过站前广场、高架平台和地下空间垂直分流，多种交通方式在最短距离内实现转换。其中，城铁旅客采用高进低出的组织方式。常州铁路站综合客运枢纽城铁客流垂直换乘示意图如图8-8所示。

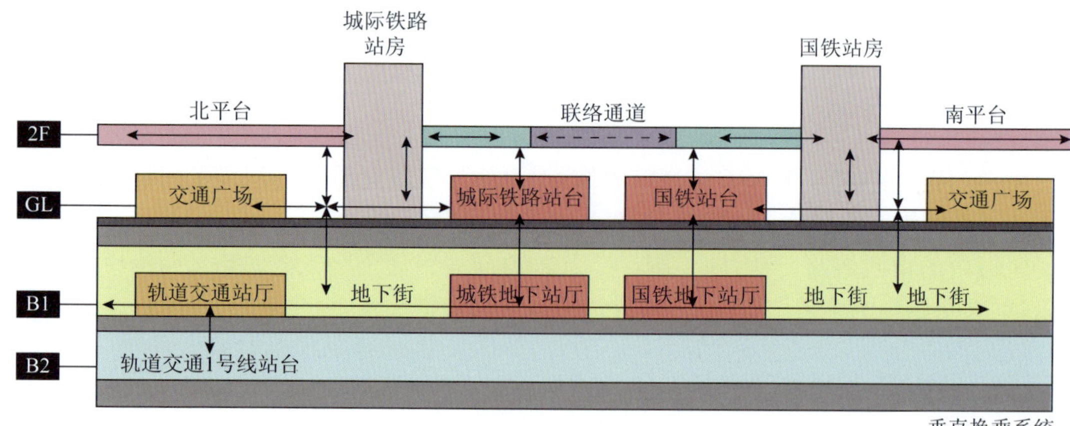

图8-8 常州铁路站综合客运枢纽城铁客流垂直换乘示意图

2. 流畅的交通组织

（1）外部交通组织

长途汽车以及小汽车，依托信号灯及交叉口转换，通过永宁路和新堂北路实现竹林路和飞龙路的转换，直达枢纽。常州铁路站综合客运枢纽北广场外部交通组织如图 8-9 所示。

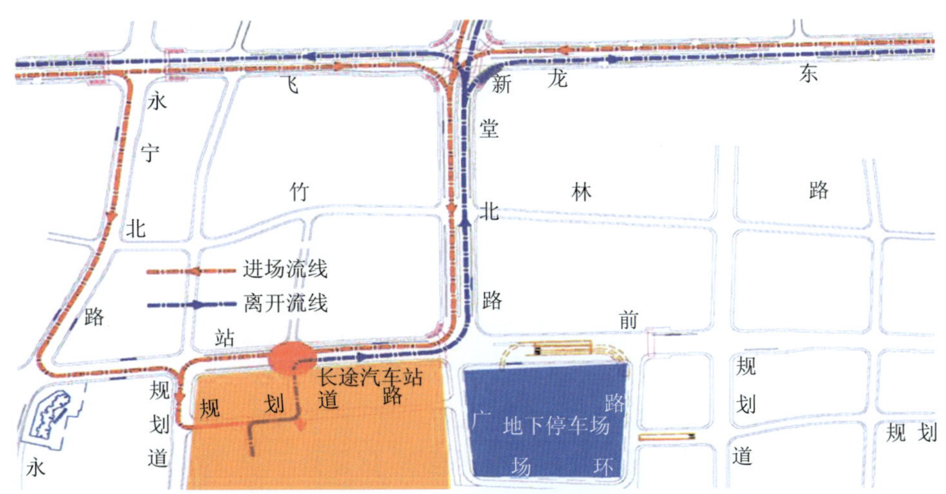

图 8-9　常州铁路站综合客运枢纽北广场外部交通组织图

（2）内部交通组织

①客流流线。

乘客换乘各种交通方式，主要通过站前广场、高架平台和地下空间垂直分流；在城铁和国铁之间，还将修建高架人行通道，地下设置行人街，供行人南北通行。所有客流通过交换大厅进行转换，实现无缝换乘。

②车辆流线。

在规划设计时，充分考虑到各类交通流线平面分离，减少了各自的交叉干扰。从平面来看，长途车、公交车位于城铁西侧，出租车、小汽车位于城铁北侧，减少了大车与小车之间的干扰。常州铁路站综合客运枢纽北广场地面车辆流线如图 8-10 所示。

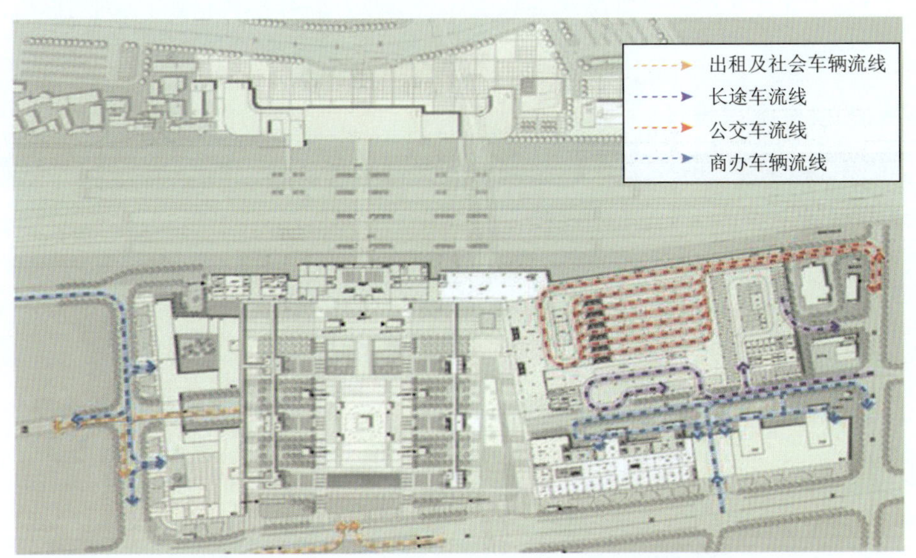

图 8-10　常州铁路站综合客运枢纽北广场地面车辆流线图

设置公交下客区，公交车空车进站，下车乘客换乘城铁和长途汽车流线便捷顺畅。精心设计站前地下广场，提高出租车使用效率，减轻地面交通压力，避免出租车对城际广场的干扰。

（二）信息及标识系统特点

1. 先进的枢纽运营中心信息管理平台

常州铁路站综合客运枢纽在信息化建设方面做了很多探索，通过建立枢纽运营中心（HOC）信息管理平台，对各类信息进行共享和统一发布，方便统一管理和服务旅客，可以实现除铁路站以外枢纽各功能区的监控与调度管理。

HOC 管理平台总体原则为：统一协调、分块运营、信息共享、一致对外。

（1）统一协调：由枢纽指挥中心统一协调各块的运营资源包括枢纽交通设施，但是不直接指挥调度各块的运营资源。

（2）分块运营：由各交通运行主体分别在各自设置于枢纽核心建筑内的控制室内对各块运营资源实施指挥调度，并且与运营管理主体沿线的其他站点一同接受交通运行主体指挥中心的统一指挥调度，同时接受枢纽指挥中心的协调。

（3）信息共享：枢纽内各运行主体之间交换班次、设施状态等信息，既方便各运行主体掌握其他运行主体的概要运营信息并用于在沿线向旅客发布，又实现运营信息统筹处理与发布。

（4）一致对外：就是向旅客公众提供内容一致、形式一致的公共交通信息和品质一致的设施服务。

此外，常州铁路站综合客运枢纽对信息交换、发布需求进行了区别对待，从旅客服务维度、枢纽运行管理维度（运行管理者和各相关主体）两方面分析各自的具体信息需求。具体见图 5-5 与图 5-6。

2. 清晰的换乘标识设计

常州铁路站综合客运枢纽静态换乘标识设置较为完整，枢纽内各种交通方式场站命名统一，换乘区域指引标识清晰，不同功能区采用不同色彩增识效果显著，体现了换乘标识系统的完整性、合理性和人性化。

（1）完整性：常州铁路站综合客运枢纽标识具有丰富的换乘信息，较全面、清晰地反映各功能区的方位、距离、线路等，在标识设置上，不仅重视枢纽内部标识设计，更加重视枢纽换乘方式间的标识设计，以方便旅客在不同方式间顺利换乘。常州枢纽标识系统分为四级，见图 5-10。

（2）合理性：常州铁路站综合客运枢纽标识系统设计布置合理，注重引导标识的连贯性和一致性，并充分考虑标识之间的间距、设置的位置、是否会产生歧义等多因素，标识设置数量、位置合适。常州铁路站综合客运枢纽客运中心引导标识连贯图如图 8-11 所示。

图 8-11　常州铁路站综合客运枢纽客运中心引导标识连贯图

（3）人性化：常州铁路站综合客运枢纽对标识系统进行了分类显示，利用不同的色系或图案予以区别，如：铁路——深蓝色、公路——黄色、公交——淡蓝色、出租——绿色，分进出站流线和不同运输方式的位置、线路均用各自的颜色加以标示，旅客可以通过跟踪颜色或者图案，方便地到达目的地。在枢纽正式运营前，还组织 3 批市民累计 1 万人次进行换乘测试，不断优化标识系统。常州铁路站综合客运枢纽导向标识如图 8-12 所示。

图 8-12　常州铁路站综合客运枢纽导向标识

（三）建设与运营特点

1. 规划建设预留

常州铁路站综合客运枢纽在建设的同时，同步规划实施轨道交通 1 号线。在进行枢纽整体规划设计时，不仅强化了线位、走向，并且在设计中将地铁站厅层、站台层一并进行设计，在施工时同步实施，与北广场客运中心整体建设进度保持一致。

在信息系统的建设实施过程中，通过预先与铁路部门的良好沟通协调，将与铁路衔接交换线路先预埋预留。同时，也预留了与城市轨道交通连通的线路接口。

2. 建设管理

常州铁路站综合客运枢纽的建设由市交通运输局负责行业管理，其下属的交通投资产业公司具体负责投资建设，工程采用 BT 建设模式。由总包公司实行总承包，各专业公司进行分包。

其管理主体、投资主体、建设主体明确，管理模式较顺，协调难度较小、效率较高，是比较理想又实用的建设管理模式。

3. 运营管理

常州铁路站综合客运枢纽具有涉及交通方式多、责任主体多、营运管理内容复杂、工作界面不易划分等特点。为实现枢纽的高效管理、有序运转，常州铁路站综合客运枢纽需遵循“统一管理、分块运营”的原则，有效保证枢纽良好运营。常州铁路站综合客运枢纽运营管理组织图如图 8-13 所示。

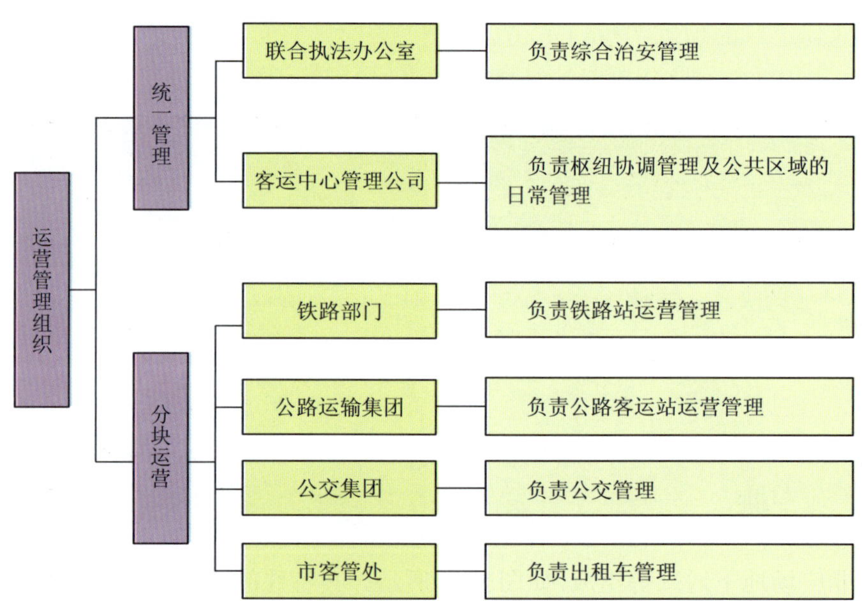

图 8-13　常州铁路站综合客运枢纽运营管理组织图

“统一管理”是指治安和物业两项覆盖整个客运中心的任务分别由联合执法办公室以及客运中心管理公司统一进行组织，其中联合执法办公室是由市分管副市长负责，由公安牵头，与交通、城管、市容、民政等有关部门联合组建而成，负责对整个客运中心的治安情况进行管理；客运中心管理公司是由交投集团组建，具体负责枢纽的协调管理和公共区域的日常管理。

“分块运营”是指针对客运中心内部铁路站、公路客运站、公交枢纽和出租车等各个功能分区，分别由铁路部门、公路运输集团、公交集团、市客管处等各个业主单位或行业管理部门分块进行运营管理。

（四）建筑景观特点

1. 体现了交通建筑的特点

常州铁路站综合客运枢纽汽车客运站“H”形平面如图 8-14 所示。设计的构思以客运站“H”形平面特点为出发点，考虑其功能和使用空间的要求，以一个卷曲而连续的表皮巧妙地将进站长廊、前厅、候车大厅、发车平台结合在一起，形成了一个连续的曲面，覆盖通透开敞大空间的构成形态，这样一个简洁的造型，既与功能空间和流线完美结合，又体现了交通建筑所特有的简洁、大气、通透、流畅的特点，同时与城际站主站房又相协调。

图 8-14　常州铁路站综合客运枢纽汽车客运站“H”形平面

2. 大尺度的灰空间界面

长途车站临广场一侧的二层长廊覆盖以大尺度半封闭的玻璃雨篷，形成了一个半开敞状态的大尺度灰空间。雨篷的玻璃表面和钢结构构架丰富的肌理变化，使用雨篷半实半虚，既能够与曲面板整体性加强，又能够为三四层的办公空间提供采光和遮阳，而其所带来的丰富的光影效果为半封闭的二层长廊带来非同寻常的视觉感受。

常州铁路站综合客运枢纽汽车客运站大尺度灰空间位于站前广场下层空间，由交通换乘大厅、南北广场地下通廊等组成，如图 8-15 所示。其特殊的美学设计和造型设计，使整个地下空间不再压抑和单调。加上独特灯光设计营造出的氛围，给人通透亮畅的感觉。

图 8-15　常州铁路站综合客运枢纽汽车客运站大尺度灰空间

3. 蕴含中国传统文化特色

沿广场立面二层长廊上的波动雨篷的肌理设计构思来源于中国传统的木格纸窗，纸窗既能挡风、采光、遮阳，同时又为室内带来柔和朦胧的光影效果。雨篷设计亦吸取传统文化的精华，雨篷的玻璃内表面饰以点状的图案，而方形网格的钢构架中，又加入了具有中国传统风格的几何图案构件，使得整个雨篷具有了中国传统窗扇般似虚亦实的特点，整体而富于细腻的细节变化和朦胧而又有丰富的光影变化。雨篷设计如图 8-16 所示。

图 8-16　常州铁路站综合客运枢纽传统窗扇创意的雨篷设计

四、项目运营情况

（一）提升城市门户形象

常州铁路站综合客运枢纽作为常州市核心的对外门户，集生态休闲轴线、便捷交通轴线、人文景色轴线和功能发展轴线于一体。建筑主次突出，风格一致，具有鲜明的时代特色；建筑群体与站前广场比例协调、尺度宜人，创造人性化的城市空间。园林式的中心广场美观大方，以休闲集散功能为主，体现城市绿色生态的门户特色。

（二）促进周边土地利用

常州铁路站综合客运枢纽加快了周边地块开发，促进了土地利用。根据常州铁路站综合客运枢纽及其综合配套系统工程的规划设计，常州市为合理高效利用广场周边土地资源，对广场周边区域共计 51.3 万 m^2 的土地进行功能、布局、景观、通道等方面的统一规划设计。2009 年 10 月，启动了一期约为 21 万 m^2 的土地收储及前期开发。枢纽建成后，该区域的土地开发利用走上合理化、集约化发展的道路。

同时，新汽车客运站整合了原有的老汽车客运站和邻近的两个客运客运站，通过土地置换，增加了可用地面积。区域交通条件的提升，也提高了枢纽周边地区土地附加值，基本做到政府投入与土地出让回收资金总体平衡，政府投入可以尽快回收，有利于城市的快速发展。

（三）枢纽运力显著增加

1. 铁路站车次

通过对停靠常州铁路站铁路运营数据进行分析，得到 2010 年 6 月和 2011 年 6 月停靠常州铁路站日均班次数和增长情况，如表 8-2 所示。可以看出，沪宁城际高铁通车后的 2011 年 6 月，相比 2010 年 6 月，停靠常州铁路站日均增加 86 个班次数，增幅为 54.4%，过路列车日均班次数增幅为 56.7%，停靠常州铁路站动车（高铁）日均班次数增幅为 132.3%。

常州铁路站列车班次数及增长表　　表 8-2

分　类	2010 年 6 月	2011 年 6 月	增加班次	增长率
停靠车次总量（日均班次）	158	244	86	54.4%
始发车次总量（日均班次）	4	5	1	25.0%
终到车次总量（日均班次）	4	4	0	0.0%
过路车次总量（日均班次）	150	235	85	56.7%
停靠动车（高铁）总量（日均班次）	62	144	82	132.3%

2. 汽车客运站班次

通过对常州汽车客运站旅客运营数据进行分析，得到常州汽车客运站搬迁前 2010 年 6 月日均发送班次 867 车；常州汽车客运站搬迁后整合了原常州汽车客运站及周边临近的两个简易客运站，2011 年 6 月日均发送班次 1108 车，也有一定增长。通过常州汽车客运站搬迁前后发往周边地区售票数如表 8-3 所示。可以看出，沪宁城际高铁通车后的 2011 年 6 月，相比 2010 年 6 月，常州汽车客运站发往宜兴日均售票数增幅为 26%，发往江阴日均售票数增幅为 140%，发往金坛日均售票数增幅为 26%，发往溧阳日均售票数增幅为 11%。

常州汽车客运站搬迁前后发往周边地区售票数及增长表　　表 8-3

发出城市	到达城市	售票数(张)		增长率
		2010 年 6 月	2011 年 6 月	
常州	宜兴	595	752	26%
常州	江阴	677	1625	140%
常州	金坛	2060	2589	26%
常州	溧阳	1515	1676	11%

3. 公交线路

由于沪宁城际铁路的开通、汽车客运站的搬迁，枢纽周边的公交线路分布也及时做了相应的调整。2009 年铁路站（普铁站）始发公交线路 60 条，停靠线路 12 条；原汽车客运站停靠线路 12 条。经过 2010 年的不断优化调整，已相对稳定。2011 年综合客运枢纽南广场（普铁站）始发公交线路 37 条，停靠线路 12 条；北广场（城际高铁路、汽车客运站）始发公交线路 26 条，停靠线路 2 条。

4. 出租车

为满足不同层次人群的交通需求，常州铁路站综合客运枢纽在原有南广场出租车配套设施基础上，在北广场新增出租车候车区面积 5190m^2，设有出租车上客专用通道面积和站台面积，可同时静态停放 130 辆出租车；下客区为出租车、社会车流混合通道，面积为 1250m^2，有 10 个出租车停车位，供出租车下客急停急走专用。

（四）枢纽运量稳定增长

1. 铁路站

2009 年，常州站（普站）全年旅客发送量 835.36 万人次，到达量 838.22 万人次。2011 年，常州站（普站）发送量 324.94 万人次，城际站发送量 608.26 万人次，合计 933.20 万人次；二站合计到达量 933.32 万人次。

2012 年十一黄金周期间，常州铁路站（普站）、城际站发送量分别达到 7.77 万人次和 17.55 万人次，合计 25.32 万人次，日均铁路发送量达到 3.62 万人次。

2. 汽车客运站

2009 年，常州汽车客运站全年旅客发送量 565.23 万人次。2010 年，城际高铁开通前（1 月 1 日—6 月 30 日）汽车客运站（老）发送量 270.53 万人次，日均达到 1.49 万人次；开通后（7 月 1 日—12 月 31 日）汽车客运站（新）发送量 317.36 万人次，日均 1.72 万人次，下半年比上半年发运量增长 17.3%。2011 年汽车客运站（新站）全年实现发运量 7204059 人次，比上年增长27.45%。

2012年十一黄金周期间，常州汽车客运站发送34.91万人次，日均公路发送量达到4.99万人次；日始发班次12511次，配载班次884次。

3. 公交

根据沪宁城际高铁通车前后对铁路旅客问卷的专题调查，得到前后常州铁路站旅客来站及离站方式分布，如表8-4所示。沪宁城际高铁通车后常州铁路站旅客来站、离站方式分布中，以公交方式为主导方式，且幅度有所提高，所占比例分别为45%、40%。

常州铁路站旅客来站及离站方式分布表 表8-4

来站/离站	所占比例								
	时间	公共汽车	出租汽车	单位汽车	私家车	公路班线	火车换乘	其他	合计
来站方式	2010年6月	41%	34%	6%	9%	3%	4%	3%	100%
	2011年6月	45%	26%	7%	5%	10%	5%	2%	100%
离站方式	2010年6月	40%	42%	2%	4%	4%	4%	4%	100%
	2011年6月	40%	36%	14%	5%	2%	2%	0%	100%

根据沪宁城际高铁通车前后对公路旅客问卷的专题调查，得到前后常州汽车客运站旅客来站及离站方式分布，如表8-5所示。沪宁城际高铁通车前后常州汽车客运站旅客来站、离站方式分布中，以公交方式为主导方式，且幅度有较大幅度的提高，所占比例分别为56%、54%。

常州汽车客运站旅客来站及离站方式分布表 表8-5

来站/离站	所占比例								
	时间	公共汽车	出租汽车	单位汽车	私家车	公路班线	火车换乘	其他	合计
来站方式	2010年6月	44%	24%	2%	5%	15%	6%	3%	100%
	2011年6月	56%	18%	2%	5%	11%	4%	4%	100%
离站方式	2010年6月	40%	28%	2%	6%	20%	2%	2%	100%
	2011年6月	54%	23%	1%	9%	5%	1%	6%	100%

常州铁路站综合客运枢纽日均对外发送量约为5万人次。按照上述抽样调查推算，其通过公交方式集聚的客运量约为2.5万人次，通过其他交通方式集聚的客运量也为2.5万人次。2012年十一黄金周期间，枢纽日均对外发送量8.6万人次，其通过公交方式集聚的客运量约为4.42万人次，通过其他交通方式集聚的客运量为4.18万人次。

4. 出租车

常州铁路站综合客运枢纽北广场日均发送车次3200次，运送旅客5500人次；最高峰日发送车次6224次，运送旅客10551人次。每天高峰时段为：10:00—12:00；16:30—18:30，共计4小时，合计发送车次1920次，高峰时段平均每小时发送车次480次。

（五）枢纽服务质量快速提升

1. 铁路站旅客候车时间变化情况

通过沪宁城际高铁通车前后对铁路旅客专题问卷调查，得到前后常州铁路站旅客候车时间分布，如表8-6所示。可以看出，沪宁城际高铁通车前后常州铁路站旅客候车时间分布中，2010年6月60%以上旅客候车时间集中在40min以内，平均候车时间为43min。沪宁城际高铁通车后，85%以上旅客候车时间集中在40min以内，平均候车时间为30min，缩短30%。

常州铁路站旅客候车时间分布表　　表8-6

时间	10min以下	11～20min	21～30min	31～40min	41～50min	51～60min	61～120min	120min以上	合计
2010年6月	6%	19%	28%	10%	9%	8%	9%	10%	100%
2011年6月	10%	17%	48%	14%	2%	2%	5%	2%	100%

2. 汽车客运站旅客候车时间变化情况

通过沪宁城际高铁通车前后对公路旅客问卷调查，得到前后常州汽车客运站旅客候车时间分布如表8-7所示。可以看出，沪宁城际高铁通车前后常州汽车客运站旅客候车时间分布中，2010年6月75%以上旅客候车时间集中在40min以内，平均候车时间为30min。沪宁城际高铁通车后80%以上旅客候车时间集中在40min以内，平均候车时间为27min，缩短10%。

常州汽车客运站旅客候车时间分布表　　表8-7

时间	10min以下	11～20min	21～30min	31～40min	41～50min	51～60min	61～120min	120min以上	合计
2010年6月	16%	26%	23%	11%	6%	10%	6%	2%	100%
2011年6月	24%	28%	21%	9%	5%	9%	2%	2%	100%

3. 乘客满意度调查情况

常州铁路站综合客运枢纽建成后，旅客在铁路、公路客运、公交、出租实现了真正的“零换乘”，出行十分方便；中心广场视野开阔、环境优美，既为旅客提供短暂休息的场所，又为应对节日运输高峰创造了有利条件;周边道路畅通,确保了车辆进出正常有序;对枢纽及周边地区交通环境、城市、居住条件、基础设施得到根本改善,对城市化进程起到重要推动作用。

通过旅客满意度专题问卷调查,从站务员服务态度、文明礼貌、规范化服务、车站卫生、各项服务设施和车站的购票、候车、乘车秩序或站场停车秩序等方面进行分析。搬迁新站以前,旅客满意度为 90.2%。自从搬迁新汽车客运站来,硬件设施的改善,极大地改变了旅客对车站的认识,无论是从环境卫生、服务设施、候车环境等方面都给予了极高的评价。同时,在软件方面,车站结合实际,对车站全体员工进行全面的业务知识与操作水平方面的培训,确保了一流的设施有一流的服务与之相配套。目前,通过调查,旅客满意率为 98.1%,有了较大幅度的提升。

参 考 文 献

[1] 中华人民共和国国家标准 . GB 50226—2007　铁路旅客车站建筑设计规范 [S]. 北京：中国计划出版社，2012.

[2] 中华人民共和国国家标准 . GB 50091—2006　铁路车站及枢纽设计规范 [S]. 北京：中国标准出版社，2006.

[3] 中华人民共和国交通行业标准 . JT/T 200—2004　汽车客运站级别划分和建设要求 [S]. 北京：人民交通出版社，2004.

[4] 江苏省地方标准 . DB32/T 1228—2008　汽车客运站建设规范 [S]. 北京：中国标准出版社，2008.

[5] 中华人民共和国行业标准 . JGJ/T 60—2012　交通客运站建筑设计规范 [S]. 北京：中国建筑工业出版社，2013.

[6] 中华人民共和国住房和城乡建设部 . 建标 105—2008　民用机场工程项目建设标准 [S]. 北京：中国建筑工业出版社，2008.

[7] 中华人民共和国住房和城乡建设部 . 建标 104—2008　城市轨道交通工程项目建设标准 [S]. 北京：中国建筑工业出版社，2009.

[8] 中华人民共和国国家标准 . GB 50490—2009　城市轨道交通技术规范 [S]. 北京：中国建筑工业出版社，2009.

[9] 中华人民共和国国家标准 . GB 50157—2013　地铁设计规范 [S]. 北京：中国建筑工业出版社，2014.

[10] 中华人民共和国国家标准 . GB 50763—2012　无障碍设计规范 [S]. 北京：中国建筑工业出版社，2012.

[11] 中华人民共和国住房和城乡建设部 . 建标 128—2010　城市公共停车场工程项目建设标准 [S]. 北京：中国建筑工业出版社，2010.

[12] 中华人民共和国城镇建设工程标准 . CJJ/T 15—2011　城市道路公共交通站、场、厂工程设计规范 [S]. 北京：中国建筑工业出版社，2012.

[13] 中华人民共和国国家标准 . GB 50352—2005　民用建筑设计通则 [S]. 北京：中国建筑工业出版社，2005.

[14] 中华人民共和国国家标准 . GB/T 10001—2004　标志用公共信息图形符号 [S]. 北京：中国标准出版社，2004.

[15] 中华人民共和国国家标准．GB/T 20501—2013　公共信息导向系统要素的设计原则与要求 [S]. 北京：中国标准出版社，2013.

[16] 中华人民共和国行业标准．TB 10074—2007　铁路旅客车站客运信息系统设计规范 [S]. 北京：中国铁道出版社，2008.

[17] 江苏省交通厅．综合客运枢纽案例汇编 [R]. 2009.

[18] 江苏省交通运输厅．江苏省综合客运枢纽布局规划 [R]. 2013.

[19] 交通运输部规划研究院．综合客运枢纽设计指南 [R]. 2013.

[20] 交通运输部规划研究院．综合客运枢纽工可编制办法 [R]. 2013.

[21] 江苏省交通厅规划研究中心，江苏纬信工程咨询有限公司．客运枢纽分类方法 [R]. 2009.

[22] 江苏省交通厅规划研究中心，江苏百盛工程咨询有限公司．江苏省铁路综合客运枢纽建设与管理模式研究 [R]. 2009.

[23] 江苏省交通厅规划研究中心，江苏纬信工程咨询有限公司．江苏省铁路综合客运枢纽规划建设指南研究 [R]. 2010.

[24] 江苏省交通厅规划研究中心，北京中咨正达交通工程科技有限公司．江苏省铁路综合客运枢纽信息系统研究 [R]. 2010.

[25] 江苏省交通运输厅规划研究中心，江苏百盛工程咨询有限公司．江苏省铁路综合客运枢纽运营服务与管理研究 [R]. 2011.

[26] 江苏省交通运输厅规划研究中心，交通运输部规划研究院，江苏百盛工程咨询公司．江苏省交通运输行业鼓励和引导民间投资健康发展的对策研究 [R]. 2012.

[27] 江苏省交通科学研究院股份有限公司，江苏省交通运输厅规划研究中心．江苏省综合客运枢纽布局规划研究 [R]. 2013.

[28] 江苏省铁路办公室，江苏省交通规划设计院股份有限公司．江苏省铁路综合客运枢纽运营管理研究 [R]. 2013.

[29] 上海现代建筑设计（集团）有限公司，华东建筑设计研究院．上海虹桥综合交通枢纽建筑设计 [R]. 2007.

[30] 铁道第三勘察设计院，上海现代建筑设计（集团）有限公司．上海虹桥铁路车站实施方案 [R]. 2007.

[31] 常州市铁路建设指挥部．沪宁城铁常州站建筑设计文件 [R]. 2007.

[32] 阿特金斯顾问有限公司，南京市交通规划研究所有限责任公司．铁路南京南站枢纽地区综合规划 [R]. 2007.

[33] 江苏伟信工程咨询有限公司．京沪高铁南京南铁路综合客运枢纽汽车客运南站工程可行性研究报告 [R]. 2007.

[34] 中国城市规划设计研究院，苏州市规划局，苏州市交通局．苏州铁路站综合交通客运枢纽规划 [R]. 2008.

[35] 江苏纬信工程咨询有限公司，深圳市市政设计研究院有限公司．沪宁城际铁路镇江站综合交通枢纽—镇江汽车客运站工程可行性研究报告 [R]. 2009.

[36] 南京市交通运输局．南京市小红山汽车客运站工程可行性研究报告 [R]. 2010.
[37] 北京城建设计研究总院有限责任公司．合肥南站综合交通枢纽方案设计 [R]. 2010.
[38] 江苏纬信工程咨询有限公司．南京市公路运输枢纽总体规划 [R]. 2010.
[39] 江苏纬信工程咨询有限公司．宁杭高铁宜兴铁路综合客运枢纽—汽车客运南站工程可行性研究报告 [R]. 2011.
[40] 江苏纬信工程咨询有限公司．宁杭高铁溧阳铁路综合客运枢纽—汽车客运南站工程可行性研究报告 [R]. 2011.
[41] 亚历山大 T. 韦尔斯．机场规划与管理 [M]. 赵洪远，译．北京：中国民航出版社，2004.
[42] 孙小年，姜彩良．一体化客运换乘系统研究 [M]. 北京：人民交通出版社，2007.
[43] 张三省，姚志刚．公路运输枢纽规划与设计 [M]. 北京：人民交通出版社，2007.
[44] 郑健，沈中伟．中国当代铁路站设计理论探索 [M]. 北京：人民交通出版社，2009.
[45] 谭惠卓．现代机场发展与管理 [M]. 北京：中国民航出版社，2008.
[46] 张泉，黄富民，杨涛．公交优先 [M]. 北京：中国建筑工业出版社，2010.
[47] 张丽华．公路建设：让民营资本上路 [J]. 中国公路，2005(5).
[48] 罗仁坚．运输枢纽与通道布局规划的关系及其分类 [J]. 综合运输，2005(6).
[49] 凤翔鸣．综合枢纽建设：推动一体化运输发展的关键 [J]. 综合运输，2006(3).
[50] 孙永海．新深圳站客运枢纽工程前期工作实践 [J]. 城市交通，2008(3).
[51] 王雪标．城市综合交通枢纽的分类与布局 [J]. 综合运输，2008(5).
[52] 周晓勤．交通运输服务、民资大有可为 [J]. 中国投资，2010(7).
[53] 高建华，安旗林，凤翔鸣．综合客运枢纽概念研究 [J]. 交通战略与规划，2010.
[54] 刘梦涵，汪忠．国内外综合客运枢纽规划设计经验与启示 [J]. 交通战略与规划，2013.
[55] 郭长宝．北京市综合交通枢纽投资建设运营管理模式 [J]. 交通战略与规划，2013.
[56] 北京市市政工程设计研究总院．综合客运枢纽设计介绍及思考 [J]. 交通战略与规划，2013.
[57] 杨新苗．综合交通枢纽规划与城市发展 [J]. 交通战略与规划，2013.
[58] 马衍军．对综合客运枢纽规划建设几个关键问题的认识 [J]. 交通战略与规划，2013.
[59] 国家发展改革委关于印发促进综合交通枢纽发展的指导意见的通知 [R]. 2013.
[60] 江苏省人民政府办公厅转发省交通厅省建设厅关于加强铁路综合客运枢纽建设意见的通知 [R]. 2009.
[61] 江苏省住房和城乡建设厅、交通运输厅关于印发《江苏省铁路综合客运枢纽规划编制要点》的通知 [R]. 2009.
[62] 江苏省交通运输厅关于印发《江苏省铁路综合客运枢纽汽车客运站工程可行性研究报告编制提要》的通知 [R]. 2010.
[63] 江苏省财政厅、交通运输厅关于印发江苏省铁路综合客运枢纽规划建设补助资金管理暂行规定的通知 [R]. 2010.
[64] 江苏省交通运输厅关于印发《江苏省铁路综合客运枢纽规划建设资金补助标准》的通知 [R]. 2010.

后记

综合客运枢纽规划建设及运营具有综合性强、复杂程度高、管理协调难度大等特点，并且随着新型城市化和综合运输的发展，还将面临枢纽地块综合开发、枢纽功能进一步完善等新的要求。本书涉及的一些关键技术和指标还需在实践中不断总结和完善，也真挚地欢迎读者多提宝贵意见。

编写组

二〇一五年五月于南京